财经管理+数字素养系列教材

ChatGPT Application Tutorial

ChatGPT应用教程

刘攀　陈朝焰　李亦昊／主编

清華大學出版社

北　京

内 容 简 介

本书介绍 ChatGPT 的发展、原理、提示工程以及数十个经典的 ChatGPT 应用案例。全书以实操教学为主,图文并茂,帮助读者编写有效的 ChatGPT 提示,获取 ChatGPT 可靠的回复;帮助读者利用 ChatGPT API 开发一些实用的产品;培养读者面对工程问题的解决思路。本书以通俗易懂的语言介绍 ChatGPT 的理论和方法,并重点培养读者利用 ChatGPT 提高学习和工作效率的能力、利用 ChatGPT API 进行二次开发的能力。为方便读者,配套提供所需安装的软件、案例编程代码及思考题答案,供读者下载使用。

本书适合作为高校提示工程类课程的教材,同时也可作为广大 ChatGPT 爱好者的自学参考书。

图书在版编目 (CIP) 数据

ChatGPT 应用教程 / 刘攀,陈朝焰,李亦昊主编 . —北京:清华大学出版社,2024.7
财经管理 + 数字素养系列教材
ISBN 978-7-302-65903-7

Ⅰ . ① C⋯ Ⅱ . ①刘⋯ ②陈⋯ ③李⋯ Ⅲ . ①人工智能—教材 Ⅳ . ① TP18

中国国家版本馆 CIP 数据核字 (2024) 第 065010 号

责任编辑:高晓蔚
装帧设计:方加青
责任校对:宋玉莲
责任印制:杨 艳

出版发行:清华大学出版社
　　　　　网　　　址:https://www.tup.com.cn,https://www.wqxuetang.com
　　　　　地　　　址:北京清华大学学研大厦 A 座　　　　邮　　　编:100084
　　　　　社 总 机:010-83470000　　　　邮　　　购:010-62786544
　　　　　投稿与读者服务:010-62776969,c-service@tup.tsinghua.edu.cn
　　　　　质 量 反 馈:010-62772015,zhiliang@tup.tsinghua.edu.cn
印 装 者:大厂回族自治县彩虹印刷有限公司
经　　　销:全国新华书店
开　　　本:185mm×260mm　　　印　　　张:13.5　　　插　　　页:1　　　字　　　数:306 千字
版　　　次:2024 年 7 月第 1 版　　　印　　　次:2024 年 7 月第 1 次印刷
定　　　价:49.00 元

产品编号:104547-01

在全球数字化浪潮的推动下，我们迈入数字经济时代，财经管理领域的变革与创新正以惊人的速度前进。财经管理与数字素养的融合，已然成为推动经济发展和企业创新的关键力量。作为这一领域的未来领导者和参与者，我们不仅需要掌握传统的财经管理知识，还需具备深厚的数字素养，以应对日益复杂的经济环境和市场挑战。为此，我们精心组织编撰了这套"财经管理＋数字素养系列教材"，旨在为读者提供全面、系统且实用的学习资料。系列教材将财经管理理论与数字素养实践相结合，涵盖财务、会计、投资、风险管理等传统财经管理领域的基础知识，同时融入大数据分析、人工智能、区块链等前沿数字技术，帮助读者构建扎实且前沿的知识体系。

● 编写背景与目标

本系列教材由上海财经大学、上海立信会计金融学院、上海对外经贸大学、上海政法学院和上海商学院等教师联合编写，致力于为财经管理专业学生提供系统化的数字素养教育，培养他们利用新信息技术解决实际财经问题的能力。利用数字技术赋能财经管理领域，实现数字素养与财经管理知识体系的深度融合。这套教材不仅适用于财经类高校，也可作为其他高校的数字素养教材。

● 课程体系与内容

本系列教材内容涵盖三个层次的课程。

第一层次：公共计算机基础类课程。旨在培养财经类专业大学生的计算思维、编程逻辑思维及实践能力。包括：（1）数智化与信息素养，如：人工智能、智能计算系统（算法、算力、数据）、现代信息技术（云计算、大数据、物联网、移动与智能、区块链等）、生成式人工智能（AIGC）技术与应用等。（2）编程基础，包括 Python、R 等编程语言知识与实践操作。（3）计算机基础实战，如：操作系统、网络知识、信息处理、数据可视化等。

第二层次：数字素养类课程。旨在培养财经类专业大学生的人工智能、大数据分析等数字技术素养。包括：（1）大数据分析，如：数据采集、数据预处理、数据可视化及基础数据分析方法。（2）人工智能基础，如：机器学习、深度学习原理及其在财经领域的应用。（3）区块链技术，如：区块链的基本原理、技术实现及其在金融中的应用。

第三层次：财经管理＋数字素养融合应用类课程。旨在培养财经类学生利用编程思维、数据分析思维和新信息技术工具解决实际财经问题的能力。包括：（1）财务数据分析类课程，如：利用 Python 进行财务数据分析、预测及可视化。（2）金融科技应用类课程。（3）风险管理与量化投资课程。

● 课程思政的融入

本系列教材的编写，特别注重课程思政的融入，确保学生在学习专业知识的同时，树立正确的价值观和社会责任感。

（1）编写者深入研究新财经类专业的育人目标，挖掘计算思维与专业的结合点。从国家和产业发展的角度，引导学生重视计算机类课程的学习，提升课程的引领性、时代性和开放性。同时，强化学生的信息伦理教育，培养其社会责任感和职业道德。

（2）在教材编写和课程教学中，自然融入马克思主义的立场、观点和方法，从认识世界和改造世界的角度，提升学生正确认识问题、分析问题和解决问题的能力，增强学生的政治认同感、家国情怀和文化素养。注重选择典型案例，设计实践活动，使课程思政润物细无声地贯穿于教材和课程中。

● 编写原则

在本系列教材编写过程中，作者始终坚持以下几个原则。

（1）理论与实践相结合。将理论知识与实际案例结合，使读者能够深入理解财经管理的本质和数字技术的应用场景。每一章内容都配有真实的案例分析及实践操作指南，帮助读者将所学知识应用到实际工作中。

（2）系统性与前沿性并重。确保教材内容的系统性，涵盖从基础知识到高级应用的完整知识体系；紧跟时代步伐，反映财经管理和数字技术融合的最新发展动态；定期更新教材内容，确保其前沿性和实用性。

（3）可读性与实用性兼顾。采用通俗易懂的语言和生动的案例，使读者能够轻松掌握知识并应用于实际工作。教材配有大量图表、代码示例、操作步骤、拓展阅读等，帮助读者更直观地理解和掌握复杂的概念和技术。

● 适用对象

本系列教材适合以下群体阅读。

（1）财经管理类本科生和研究生。通过系统学习，掌握财经管理和数字技术的基础知识及其应用，提升数字素养，提高解决实际财经问题的能力。

（2）财经管理工作者。无论是初入财经领域的新手，还是经验丰富的专业人士，都可以从中获得启发和收获，提升自己的数字素养和专业能力。

（3）其他高校师生。本系列教材也适合作为全国其他类型高校的数字素养、信息素养教材，帮助更多学生掌握数字化时代必备的技能。

我们衷心希望本系列教材能够成为您学习财经管理和提升数字素养的良师益友，助您在数字化时代把握机遇、应对挑战，实现自我价值的提升。

愿每一位读者都能从本系列教材中汲取知识的养分，不断成长与进步。

2022 年 12 月 1 日，当我看到一篇关于 OpenAI 公司出品的大语言模型 ChatGPT（GPT：Generative Pre-trained Transformer，生成式预训练模型）介绍时，当时我的心里是持怀疑态度，因为之前类似的聊天机器人见得太多，回答问题过于机械和呆板。有时我们提出一个问题后，机器人给出若干选项，让我们进行选择，再针对我们选择的问题进行作答。其实，这些机器人都是预先将问题和答案写入数据库中。当用户提问时，先切分词，再让用户选择关键词，然后查询带该关键词的问题，最后给出答案对应的问题。因此，之前的机器人是不能自己进行"思考"的。

短短几天后，谷歌上就有一篇报道，关于 5 天时间 ChatGPT 注册用户就超百万的新闻，这让我有些意外，但我仍然未在意，我们国内的 QQ、微信等软件哪个不是数亿用户的使用量呢？直到看到一个关于 ChatGPT 使用的视频，我震惊了。ChatGPT 居然能记住用户之前的聊天记录，居然能够给出非预先设定的答案，这已经是非常接近真人之间的对话了。于是，我赶紧借我美国朋友的手机号码注册了一个 ChatGPT 账号，再亲自上手使用。随后，我惊奇地发现，无论是写诗歌、作文、编代码、论文润色、软件测试等，ChatGPT 均能胜任。我认识到 ChatGPT 是一款伟大的产品，可能会像 Internet 一样改变人类的未来。

随着 ChatGPT 的使用次数增多，我也发现了一些问题，有时 ChatGPT 不能正确回答我们的提问，甚至会一本正经地胡说八道，特别是针对一些数学问题的解答。然而，几个月后，我发现之前 ChatGPT 不能解答的问题，现在居然能够正确解答了，之前胡说八道的地方，现在居然改正了。我敏锐地意识到 ChatGPT 进化了，它在不断地完善，不断地进步。

2023 年，我首次将 ChatGPT 的内容引入课堂教学中，引起了学生极大兴趣，他们不断地尝试，不断地学习。同时，我也发现并不是每位同学都能写出非常好的提示，特别是那些非计算机专业的学生，他们需要老师教他们如何结合自己的专业知识，向 ChatGPT 提出更好且更有效的问题，这就是提示工程（prompt engineering, PE）。未来，学校需要开设类似提示工程的课程，需要教我们的学生如何写出足够有效的提示，从而让 ChatGPT 来帮助我们提升工作、学习，甚至是娱乐方面的效率。为此，从 2023 年 5 月开始我便着手撰写一本适合所有学生使用的 ChatGPT 应用教程。这本教程不但能帮助计算机专业学生，让他们利用 ChatGPT API 开发有趣且实用的产品，更能帮助广大普通爱好者，编写更有效的提示，从而帮助他们解决现实生活中的问题。

本书由刘攀博士主编，完成了顶层设计、内容选择、案例开发和编码设计等工作，陈朝焰博士和李亦昊博士完成了本书第 4 章和第 5 章的部分案例开发工作。另外，特别感谢我的学生陈皓帆前期对资料的收集和整理。由于我们的水平有限，疏漏、不足乃至错误之处在所难免，敬请各位专家批评指正。

刘　攀

2023 年 10 月

于上海商学院奉浦校区

目录
Contents

第4章　ChatGPT 的应用案例　　065

第 1 章 ChatGPT 的发展历程

学习目标

- 了解自然语言处理的发展历史；
- 了解 ChatGPT 的技术发展、理解 ChatGPT 的优缺点；
- 理解 ChatGPT 技术的应用及对其他行业的影响。

1.1 自然语言处理的发展历史 >>>

"语言理解是人工智能领域皇冠上的明珠。"

——美国微软公司创始人比尔·盖茨

人类语言（又称为自然语言）具有广泛的歧义性、高度的抽象性、几乎无限的语义组合性和持续的进化性。要理解语言，需要具备一定的知识和推理等认知能力。这些特征使得计算机处理自然语言成为一项巨大的挑战，形成了机器难以逾越的鸿沟。因此，自然语言处理被认为是制约人工智能取得更大突破和更广泛应用的瓶颈之一，也被誉为"人工智能领域的明珠"。

自然语言处理的发展经历了 5 个时期（如图 1.1 所示）。

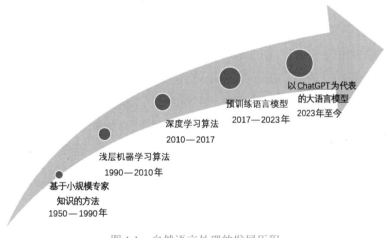

图 1.1 自然语言处理的发展历程

（1）基于小规模专家知识的方法（1950—1990 年）：在这个时期，自然语言处理主要采用手工编码的规则和专家知识来处理文本，如基于规则的机器翻译系统和文本解析系统。这些方法在处理简单任务上效果不错，但对于复杂任务和大规模数据处理则效率低下且难以扩展。

（2）浅层机器学习算法（1990—2010 年）：在这个时期，自然语言处理开始采用浅层的机器学习算法，如支持向量机（SVM）、最大熵模型（MaxEnt）等，用于词性标注、句法分析等任务。这些算法能够利用更多的数据进行训练，但仍然依赖手工特征工程，限制了模型性能的提升。

（3）深度学习算法（2010—2017 年）：随着深度学习算法的发展，自然语言处理取得了重大突破。深度学习模型，尤其是循环神经网络（RNN）和长短期记忆网络（LSTM），在机器翻译、情感分析、文本分类等任务上表现出色。此时，Word2Vec、GloVe 等词向量模型也被广泛应用于文本表示。

（4）预训练语言模型（2018—2023 年）：这一时期，预训练语言模型成为自然语言处理的热门领域。模型如 BERT（Bidirectional Encoder Representations from Transformers）、GPT-2、GPT-3 等利用大规模无监督数据进行预训练，学习到了丰富的语言表示，进而在各种任务上进行微调，取得了显著的性能提升。

（5）以 ChatGPT 为代表的大语言模型（2023 年至今）：当前，以 ChatGPT 为代表的大规模语言模型成为自然语言处理的新趋势。ChatGPT 是基于 GPT-3.5 和 GPT-4 系列模型的指令微调版本，拥有强大的生成能力，能够进行对话、问答、代码生成等多种自然语言任务。这些大语言模型具有更强的泛化能力和更广泛的应用场景，为自然语言处理带来了新的发展机遇。

1.2　大语言模型技术的发展历程 》》》

2018 年，OpenAI 提出了第一代 GPT（Generative Pre-trained Transformer，生成式预训练模型），将自然语言处理带入"预训练"时代。最初 GPT 模型并没有引起人们的特别关注，反倒是谷歌提出的 BERT（Bidirectional Encoder Representations from Transformers）模型产生了更大的轰动。随后，OpenAI 公司陆续发布了 GPT-2 和 GPT-3。尤其是 GPT-3 模型（含有 1 750 亿超大规模参数，并且提出"提示语"（prompt）的概念）的推出，人们只需要提供具体任务的提示语，即便不对模型进行调整也可完成该任务，如：输入"我太喜欢电影长津湖，请分析这句话的情感是褒义还是贬义"，GPT-3 给出的结果是"褒义"，如图 1.2 所示。

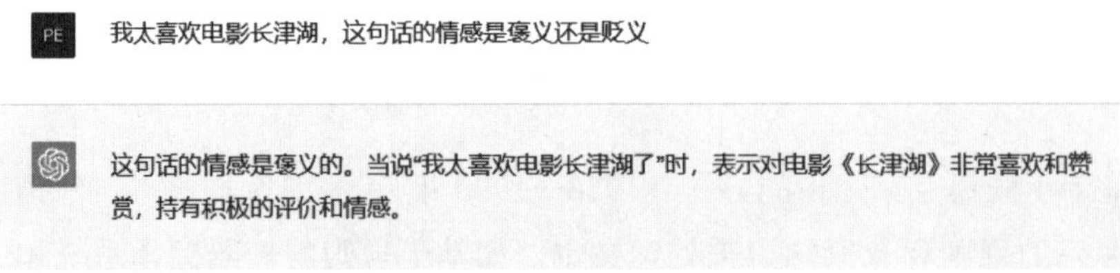

PE　我太喜欢电影长津湖，这句话的情感是褒义还是贬义

这句话的情感是褒义的。当说"我太喜欢电影长津湖了"时，表示对电影《长津湖》非常喜欢和赞赏，持有积极的评价和情感。

图 1.2　ChatGPT 的提示词示例

输入更多类似的例子，ChatGPT 任务完成的效果将会更好，这也被称为语境学习（in-context learning）。不过，通过对 GPT-3 模型能力的仔细评估发现，大语言模型并不能真正克服深度学习模型鲁棒性差、可解释性弱、推理能力缺失的问题，在深层次语义理解和生成上与人类认知水平还相去甚远。直到 ChatGPT 的问世，才彻底改变了人们对于大语言模型的认知。

1.3　ChatGPT 的技术发展历程 》》》

2022 年 11 月 30 日，OpenAI 推出了一款全新的对话式通用人工智能工具——ChatGPT。根据报道，仅仅在 5 天内，该工具吸引了超过 100 万注册用户（见图 1.3），并且在两个月内活跃用户数量已经达到 10 亿，引发了全网的热议，成为历史上增长最快的消费者应用程序。

图 1.3　ChatGPT 五日增长百万用户

ChatGPT 之所以吸引如此多的活跃用户，是因为它通过学习和理解人类语言，能够以对话的形式与人类进行交流，使得交互更加自然和准确。这极大地改变了大众对于聊天机器人的印象，从"人工智障"转变为"有趣"。除了简单的聊天功能，ChatGPT 还能够根据用户的要求进行机器翻译、文案撰写、代码撰写等工作。ChatGPT 的推出引起了大语言模型构建领域的警惕，学术界和企业界纷纷迅速跟进，启动自己的大语言模型研制计划。图 1.4 显示了国内外一些公司启动大语言模型的进程。

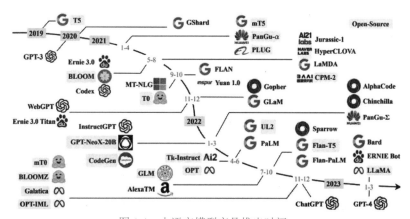

图 1.4　大语言模型产品推出时间

在 OpenAI 推出 ChatGPT 后，与其合作密切的微软迅速推出了基于 ChatGPT 类技术的 New Bing，并计划将 ChatGPT 整合到 Office 办公套件中。谷歌也迅速推出了 Bard 来与

ChatGPT 进行竞争。此外，苹果、亚马逊、Meta（原 Facebook）等公司也表态积极布局类 ChatGPT 的技术。国内也有多家企业和机构明确表示正在进行类 ChatGPT 模型的研发。如，百度的文心一言、阿里巴巴的通义千问、华为的华为云盘古大模型、腾讯的混元 AI 大模型、网易的中文预训练大模型"玉言"、京东的产业版 ChatJD、科大讯飞的讯飞星火产品，国内高校复旦大学也推出了类 ChatGPT 的 MOSS 模型等。

从技术角度来看，ChatGPT 是一个专注于对话生成的大语言模型，能够根据用户的文本描述和历史对话产生智能回复。GPT 通过学习大量网络已有文本数据（例如 Wikipedia、Reddit 对话等），获得了类似人类流畅对话的能力。尽管 GPT 可以生成流畅的回复，但有时候生成的回复可能不符合人类预期。为了使生成的回复具有真实性、无害性和有用性，2022 年初 OpenAI 项目团队在 NeurIPS 2022 上发表了论文 *Training Language Models to Follow Instructions with Human Feedback*，论文中提到引入人工反馈机制，使用近端策略梯度算法（PPO）对大语言模型进行训练。这种基于人工反馈的训练模式能够很大程度上减小大语言模型生成回复与人类回复之间的差异。

1.4　ChatGPT 的相关技术 》》》》

ChatGPT 的相关技术发展历程可以追溯到 OpenAI 推出的 GPT 家族产品。GPT 家族是一系列生成式语言模型，可应用于对话、问答、机器翻译、代码生成等自然语言任务。每一代 GPT 相较上一代参数量都呈现爆炸式增长。2018 年 6 月发布的 GPT 包含 1.2 亿参数，2019 年 2 月发布的 GPT-2 包含 15 亿参数，而 2020 年 5 月发布的 GPT-3 则拥有 1750 亿参数。与参数量的增长相伴随的是 OpenAI 不断积累的海量训练数据，这使得 GPT 系列模型具备存储大量知识、理解人类自然语言和优秀的表达能力等特征。

GPT 家族的发展从 GPT-3 开始分为两个技术路径并行发展，一个是以 Codex 为代表的代码预训练技术，另一个是以 InstructGPT 为代表的文本指令预训练技术。然而，这两个技术路径并不一直并行发展，而是在一定阶段进入了融合式预训练阶段，通过指令学习、有监督精调和基于人类反馈的强化学习（RLHF）等技术（见图 1.5），实现了以自然语言对话为接口的 ChatGPT 模型。而基于人类反馈的强化学习能有效提升 ChatGPT 回答的准确度。

例如，采用基于人类反馈的强化学习技术从"番茄、黄瓜、马铃薯、香蕉"中选出水果。

依据问题库，水果的定义：指多汁且主要味觉为甜味和酸味，可食用的植物果实。

单纯从水果定义可知，"番茄、黄瓜、马铃薯、香蕉"都是水果。这个答案看似没有问题，但是又与我们的生活常识不相符合。在我们印象当中，香蕉百分百是水果，番茄、黄瓜和马铃薯更可能是一种蔬菜。为了解决这个问题，可以引入人工标识技术，即在"番茄、黄瓜、马铃薯、香蕉"中，人工标识水果的顺序是：

香蕉＞番茄＞黄瓜＞马铃薯

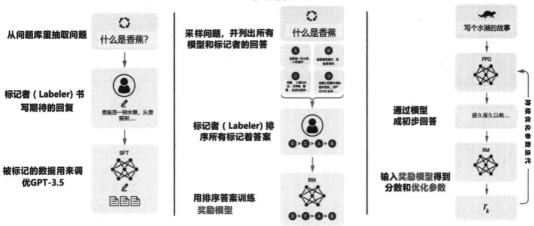

图 1.5　ChatGPT 采用的基于人类反馈的强化学习技术

然后，再用这个排序答案训练一个奖励模型，输入给 ChatGPT 来实现水果分类。

注意：当人类标识中存在偏见时，ChatGPT 的输出也将同样存在偏见。

2008 年 Bradley 等人在论文 *Training an Agent Manually via Evaluative Reinforcement* 中提出了 TAMER 框架。在传统的强化学习框架下，代理（agent）向环境提供动作，环境则给予奖励和状态作为反馈。而在 TAMER 框架下，引入人类标注作为额外奖励，以加速模型收敛速度、降低训练成本、优化收敛方向。具体实现是通过与人类标注人员进行对话，生成对话样本并对回复进行排名打分，将更好的结果反馈给模型，让模型从人类评价奖励和环境奖励中学习策略，实现持续迭代式微调。

在 2017 年前后，深度强化学习（deep reinforcement learning）逐渐发展并流行起来。MacGlashan 等人提出了一种 AC 算法（actor-critic），并将人工反馈（包括积极和消极反馈）作为信号调节优势函数（advantage function）。Warnell 等人将 TAMER 框架与深度强化学习相结合，成功将 RLHF 引入深度强化学习领域。在这一阶段，RLHF 主要应用于模拟器环境（例如游戏等）或现实环境（例如机器人等），而在语言模型训练方面，其应用并未受到重视。

2019 年后，依据人类反馈进行强化学习的模型 RLHF（Reinforcement Learning from Human Feedback）与语言模型相结合的工作逐渐出现。Ziegler 等人较早地利用人工信号在四个具体任务上进行了微调，并取得了不错的效果。OpenAI 从 2020 年开始关注这一方向，并陆续发表了一系列相关工作，如在文本摘要领域的应用，以及通过 RLHF 训练一个能进行网页导航的代理等。随后，OpenAI 将 RLHF 与 GPT 相结合，提出了 InstructGPT 作为 ChatGPT 的孪生兄弟，旨在改善模型生成的真实性、无害性和有用性。

DeepMind 也关注到了 RLHF 与语言模型结合的方向，并于 2022 年 3 月发表了 GopherCite 和 Sparrow 等相关工作。GopherCite 主要应用于开放域问答，而 Sparrow 则在对话领域取得了成果。截至 2022 年 9 月，DeepMind 的聊天机器人已经上线。

最终，OpenAI 在 2022 年 11 月底推出了 ChatGPT，该模型以 GPT-3.5 为基座，并通过 RLHF 进一步训练，取得了令人惊艳的效果。整个发展历程展示了 ChatGPT 作为一款自然语言生成能力强大的对话式通用人工智能工具的不断演进与突破。

1.5 ChatGPT 的优势与劣势 》》》

1.5.1 ChatGPT 的优势

1. 与聊天机器人的比较

ChatGPT 与市场上的其他聊天机器人（如微软小冰、百度度秘等，见图 1.6）一样，直接对其下指令即可进行自然交互，操作简单直接。然而，与普通聊天机器人相比，ChatGPT 在回答准确性、流畅性和推理能力方面表现更优，且可以完成更多复杂的任务，其原因如下：

图 1.6 三款聊天机器人：百度度秘、微软小冰、ChatGPT（顺序从左至右）

（1）强大的底座能力：ChatGPT 基于 GPT-3.5 系列的 Code-davinci-002 模型进行指令微调。GPT-3.5 系列是一系列采用数千亿标记进行预训练的大规模模型，拥有足够的参数和存储容量，使得 ChatGPT 能够充分记忆大量知识，并在指令微调过程中激发出潜在的"涌现"能力，为其后续指令微调提供坚实基础。

（2）惊艳的思维链推理能力：在文本预训练的基础上，ChatGPT 的基础大模型采用了 159G 的代码进行进一步预训练。通过利用代码中的分步骤和模块化特性，ChatGPT 展现了逐步推理的能力，使其表现不再是线性增长，而是出现了激增，打破了传统的规模定律。

（3）实用的零样本能力：ChatGPT 在基础大模型的基础上通过大量多样化的指令进行微调，其泛化能力显著增强，可以处理未见过的任务，使其在多种语言和多项任务上都能得到较好的表现。

综上所述，ChatGPT 凭借大规模语言模型的存储能力和涌现思维链的能力，辅以指令微调，几乎做到了对知识范围内问题无所不知，并且难以察觉其瑕疵，这些都使得 ChatGPT 遥遥领先其他聊天机器人。

2. 与其他大规模语言模型的比较

相较于其他大规模语言模型，ChatGPT 使用了更多的多轮对话数据进行指令微调，使其具备了建模对话历史的能力，能够持续与用户进行交互。

同时，由于现实世界语言数据的偏见性，基于这些数据进行预训练的大规模语言模型可能会生成有害的回复。ChatGPT 在指令微调阶段通过基于人类反馈的强化学习调整模型的输出偏好，使其能够输出更符合人类预期的结果，如翔实的回应、公平的回应、拒绝不当问题以及拒绝知识范围外的问题。这在一定程度上缓解了安全性和偏见问题，使其更加耐用。同时，ChatGPT 能够利用真实的用户反馈进行 AI 正循环，不断增强自身与人类的对齐能力，输出更安全的回复。

3. 与微调小模型比较

在 ChatGPT 之前，利用特定任务数据对小模型进行微调是近年来最常用的自然语言处理范式。相较于这种微调范式，ChatGPT 通过大量指令激发的泛化能力在零样本和小样本场景下具有显著优势，在未见过的任务上也能表现出色。例如，ChatGPT 的前身 InstructGPT 指令微调的指令集中 96% 以上为英语，只有少量的其他语言（如西班牙语、法语、德语等）。然而，在机器翻译任务上，我们使用指令集中未出现的塞尔维亚语让 ChatGPT 进行翻译，仍然可以得到正确的翻译结果。而在微调小模型的范式下，实现这种泛化能力是非常困难的。

此外，作为大语言模型的天然优势，ChatGPT 在创作型任务上表现突出，甚至强于大多数普通人类。

1.5.2　ChatGPT 的劣势

1. 大语言模型的通用局限

（1）可信性无法保证：ChatGPT 的回复可能是虚假的，语句通顺且合理，但缺乏合理的证据支持。目前的模型还不能提供可信性验证，因此用户在使用 ChatGPT 时需要谨慎判断信息的真实性。

（2）时效性差：ChatGPT 无法实时融入新知识，其知识范围局限于基础大规模语言模型在预训练数据时间点之前的内容。这使得其回答能力有明显的时间边界，无法获取最新的信息。

（3）成本高昂：ChatGPT 基础大模型的训练成本高，部署也较为困难，每次调用都需要较高的费用，并且可能存在延迟问题。此外，使用 ChatGPT 对工程能力有较高的要求。

（4）在特定的专业领域上表现欠佳：大语言模型的训练数据是通用数据，缺乏针对特定领域的专业术语和知识。因此在某些专业领域上，ChatGPT 的表现可能不如专门针对该领域微调的模型。

（5）生成结果不稳定：ChatGPT 的每次生成结果可能略有不同，采用的是 beam search 或采样技术。同时，模型对输入敏感，在某些情况下可能回答不正确，稍微修改输入可能会得到正确回答。这使得其稳定性相对较差。

2. 数据原因导致的局限

（1）数据泄露风险：ChatGPT 由 OpenAI 部署，用户数据都由 OpenAI 掌握，长期大规模使用可能存在一定的数据泄露风险，需要用户对数据隐私进行充分考虑。

（2）数据偏见问题：由于大规模语言模型的训练数据可能存在偏见，因此，ChatGPT 生成的内容可能会受到这些偏见的影响。尽管通过 RLHF 可以缓解这一问题，但仍有可能出现有害内容。

3. 标注策略导致的局限

（1）偏好反映标注人员：ChatGPT 通过基于人类反馈的强化学习使模型生成结果更符合人类预期，这可能导致模型的行为和偏好一定程度上反映标注人员的偏好。在标注人员分布不均的情况下，可能引入新的偏见问题，见图 1.7。

（2）偏好于生成长回答：标注人员在标注时可能倾向于生成更长的回答，以使回答看起来更全面。这导致 ChatGPT 在部分情况下回答显得啰嗦冗长，不够简洁。

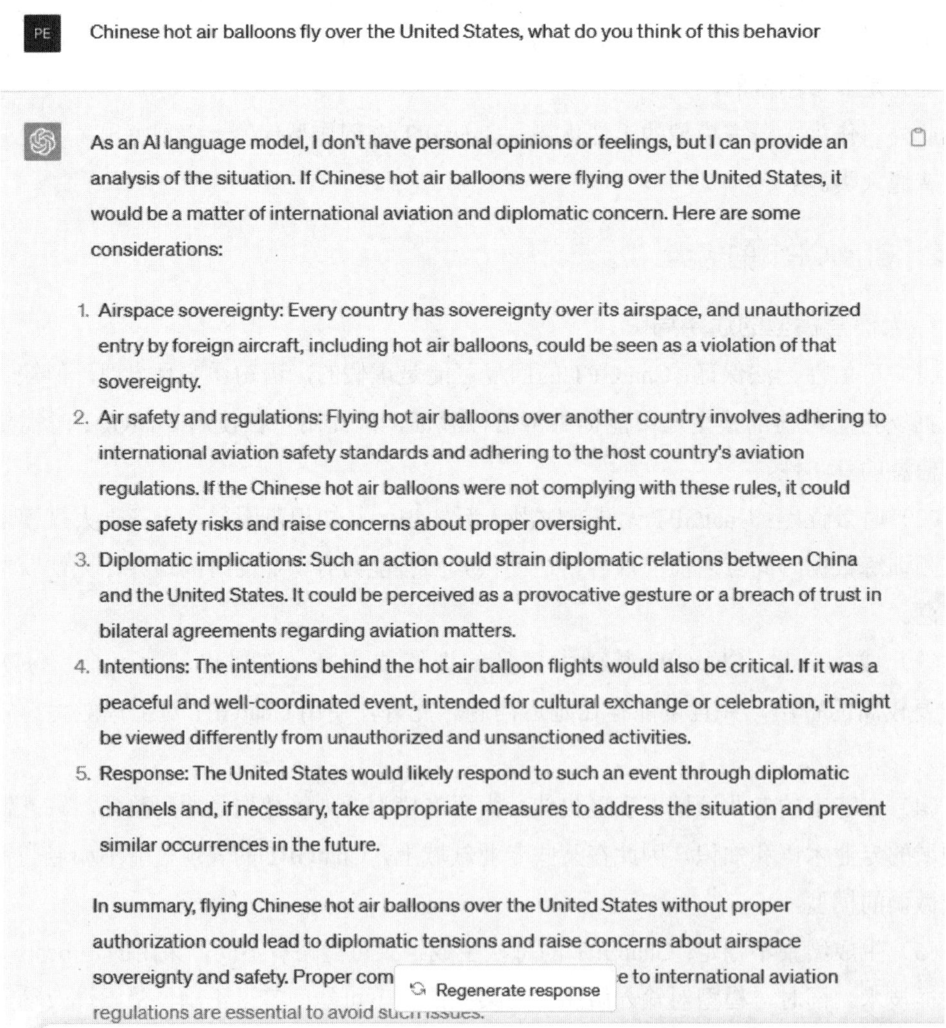

PE　　Chinese hot air balloons fly over the United States, what do you think of this behavior

As an AI language model, I don't have personal opinions or feelings, but I can provide an analysis of the situation. If Chinese hot air balloons were flying over the United States, it would be a matter of international aviation and diplomatic concern. Here are some considerations:

1. Airspace sovereignty: Every country has sovereignty over its airspace, and unauthorized entry by foreign aircraft, including hot air balloons, could be seen as a violation of that sovereignty.
2. Air safety and regulations: Flying hot air balloons over another country involves adhering to international aviation safety standards and adhering to the host country's aviation regulations. If the Chinese hot air balloons were not complying with these rules, it could pose safety risks and raise concerns about proper oversight.
3. Diplomatic implications: Such an action could strain diplomatic relations between China and the United States. It could be perceived as a provocative gesture or a breach of trust in bilateral agreements regarding aviation matters.
4. Intentions: The intentions behind the hot air balloon flights would also be critical. If it was a peaceful and well-coordinated event, intended for cultural exchange or celebration, it might be viewed differently from unauthorized and unsanctioned activities.
5. Response: The United States would likely respond to such an event through diplomatic channels and, if necessary, take appropriate measures to address the situation and prevent similar occurrences in the future.

In summary, flying Chinese hot air balloons over the United States without proper authorization could lead to diplomatic tensions and raise concerns about airspace sovereignty and safety. Proper com　　　　　　　　　e to international aviation regulations are essential to avoid such issues.

Regenerate response

图 1.7　针对同一问题，中英文给出的解释是不同的

PE　中国热气球飞到美国上空，你如何看这一行径

作为AI语言模型，我没有情感和个人观点，但我可以就这一行径给您提供一些客观的信息。

如果中国的热气球飞到美国上空，这将是一项非常非凡和不寻常的行为。热气球通常是民用航空器，通常用于旅游、娱乐和竞技活动。飞越国界的行为可能涉及国际空域和领空的问题，因此需要遵循国际法律和协议。

在现实情况中，如果这样的事件发生，涉及的各方可能会对此做出不同的反应。以下是一些可能的观点：

1.国际合作：可能会需要双方政府之间的沟通和协商，以确保热气球的行程得到允许并遵循相关的安全规定。如果双方政府在事前进行沟通并达成共识，这一行径可能会被视为友好和有趣的交流活动。

2.安全和隐私：飞行涉及到航空安全和国家安全问题。如果中国的热气球未经允许进入美国领空，可能会引发安全和隐私方面的担忧。

3.政治因素：由于涉及国际关系，可能会有政治因素参与其中。该事件可能被某些政治人物或媒体用于强调国家间的关系，或者会被解读为象征性的行为。

需要强调的是，现实生活中的事件往往更加复杂，需要考虑各种因素和背景。如果发生这样的情况，最终的反应和后续发展将取决于各种政治、外交、安全等因素的相互作用。

PE　美国热气球飞到中国上空，你如何看这一行径

如果美国的热气球飞到中国上空，同样会涉及一些敏感和复杂的问题。以下是可能与此行径相关的一些观点：

1.主权和领空：中国可能会将美国热气球进入其领空视为对其主权的侵犯，因为国家通常宣称拥有自己的领空，并对其领空行使主权控制。

2.国际法和航空规定：根据国际法，每个国家都有权利宣称其领空，并根据各国间的航空规定进行管理。美国热气球进入中国领空可能涉及国际法和航空规定的问题。

3.政治和外交影响：此类行为可能会在政治和外交层面产生影响。它可能被某些政治人物或媒体用于强调两国关系，并可能成为国际舞台上的话题。

4.安全考虑：飞行活动涉及安全问题，不仅是乘客的安全，还包括其他空中和地面交通的安全。如果热气球进入了受限区域，可能会引发安全担忧。

需要强调的是，这只是一个假设情景，实际发生的事件可能涉及更多细节和复杂性。如果类似的事件发生，各方可能会根据国际法、外交手段和谈判寻求解决方案。促进对话和相互理解是减少紧张局势的重要步骤。

图 1.7　（续）

　　对于上述局限，ChatGPT 在某些任务场景下可能不适用或相比目前微调小模型的性价比要低。特别是在一些特定的专业领域、多模态任务、时间敏感性任务、对数据隐私要求较高的场景等，用户需要谨慎选择适合的模型或解决方案。

1.6　ChatGPT 的应用前景 »»»

1.6.1　在人工智能行业的应用前景及影响

ChatGPT 的发布及其取得的巨大成功对人工智能行业形成了强烈的冲击，人们发现之前许多悬而未解的问题在 ChatGPT 身上迎刃而解（包括事实型问答、文本摘要事实一致性、篇章级机器翻译问题等），ChatGPT 引起了巨大的恐慌。然而从另一个角度看，我们也可以把 ChatGPT 当成是一个工具来帮助我们的开发、优化我们的模型、丰富我们的应用场景，比如：

（1）代码开发：利用 ChatGPT 辅助开发代码，提高开发效率，包括代码补全、自然语言指令生成代码、代码翻译、bug 修复等，见图 1.8。

图 1.8　ChatGPT 依据自然语言生成代码

（2）ChatGPT 和具体任务相结合：ChatGPT 的生成结果在许多任务上相比微调小模型都有很明显的可取之处（比如文本摘要的事实一致性问题），在微调小模型的基础上结合这些 ChatGPT 的长处，可以在训练部署下显著提升小模型的效果。

（3）基于 ChatGPT 指令微调激发的零样本能力：对于只有少数标注或者没有标注数据的任务以及需要分布外泛化的任务，我们既可以直接应用 ChatGPT，也可以把 ChatGPT 当作冷启动收集相关语料的工具，丰富我们的应用场景。

1.6.2　其他行业的应用前景及影响

ChatGPT 的发布也引起了其他行业的连锁反应，如 Stack Overflow 禁用 ChatGPT 的生成内容，美国多所公立学校禁用 ChatGPT，各大期刊禁止将 ChatGPT 列为合著者。ChatGPT 似乎在一些行业成为"公敌"，但在其他行业，也许充满着机遇。

1. 搜索引擎

自 ChatGPT 发布以来，各大科技巨头都投入了极大的关注度，最著名的新闻莫过于谷歌担心 ChatGPT 会打破搜索引擎的使用方式和市场格局而拉响的红色警报。为此各大科技巨头纷纷行动起来，谷歌发布了类 ChatGPT 产品 Bard，百度面向公众开放了文心一言，微软更是宣布 ChatGPT 为必应提供技术支持，推出新必应（new bing），见图 1.9。ChatGPT 和搜索引擎的结合似乎已经不可避免，也许不会马上取代搜索引擎，但在不远的将来，将 ChatGPT 作为搜索引擎生成内容和利用检索的新知识扩展 ChatGPT 的回答会进行结合，成为一个新趋势。

图 1.9　新必应的搜索界面

2. 泛娱乐行业

ChatGPT 对于文娱行业则更多带来的是机遇。无论是基于 ChatGPT 创建更智能的游戏虚拟人和玩家交流提升体验，还是利用虚拟数字人（见图 1.10）进行虚拟主播直播互动，ChatGPT 都为类似的数字人提供了更智能的"大脑"，使行业充满想象空间。除此之外，在心理健康抚慰、闲聊家庭陪护等方面，类似的数字人也大有拳脚可展。

3. 自媒体行业

同样大大受益的还有自媒体行业。美国的新闻聚合网站 BuzzFeed 宣布和 OpenAI 合作，未来将使用 ChatGPT 帮助创作内容。ChatGPT 的出现将使得内容创作变得更加容易，无论是旅游、餐饮、住宿、情感，还是相关博主等内容的产出效率得到极大提升，从而让自媒体从业人员有更多的精力润色相关内容，产生高质量的文章。

4. 教育行业

ChatGPT 在教育行业表现出非凡的能力：调查显示 89% 的学生利用 ChatGPT 完成家庭作业，如在北密歇根大学的世界宗教课上，获得全班第一的论文竟然是用 ChatGPT 书写。这迫使美国多所学校全面禁用 ChatGPT，宣布无论是在作业、考试或者

图 1.10　虚拟数字人 CallAnnie

论文当中，一经发现即认定为作弊。然而，这可能也会促使针对人工智能相关法律法规的完善，加速 AI 社会化的发展。

5. 其他专业领域

针对其他专业领域，ChatGPT 的具体影响不大。因为限于 ChatGPT 训练数据的限制，ChatGPT 无法对专业领域的专业知识进行细致的分析，生成的回答专业度不足且可信性难以保证，至多只能作为参考，很难实现替代。比如因为 ChatGPT 未获取 IDC、Gartner 等机构的数据使用授权，因此，其关于半导体产业的市场分析中很少涉及量化的数据信息。

此外，ChatGPT 可以帮助个人使用者在日常工作中写邮件、演讲稿、文案和报告，提高其工作效率。例如，微软计划将 ChatGPT 整合进 Word、PowerPoint 等办公软件，个人使用者也可以从中受益，提高办公效率。

本章小结 》》》

本章介绍了 ChatGPT 的发展历程、优缺点，以及 ChatGPT 技术的应用会对其他行业带来的影响。通过本章的学习，能够让读者对 ChatGPT 有一个总体的印象，为后续章节的学习打下基础。

思考题 》》》

1. ChatGPT 会对教育领域产生哪些可能影响？（本题无标准答案）

2. ChatGPT 会引发产业界的变革吗？（本题无标准答案）

第2章 ChatGPT 的原理介绍

学习目标
- 了解基于 Transformer 的预训练语言模型；
- 理解提示学习、指令精调与思维链；
- 了解基于人类反馈的强化学习。

2.1 基于 Transformer 的预训练语言模型 >>>

2.1.1 仅有编码器的预训练语言模型

仅有编码器的预训练语言模型（encoder-only pre-trained models）是指一类语言模型，它们专门用于将文本编码成稠密且固定长度的表示，也称为嵌入向量。这些模型旨在将可变长度的输入文本转换为固定大小的向量，以捕捉输入的语义含义和上下文信息。

与传统的语言模型不同，传统语言模型是通过预测序列中的下一个单词来生成连贯文本，而仅有编码器的预训练语言模型只关注任务中的编码部分。它们没有解码组件，无法从嵌入向量生成文本。因此，这些模型通常作为更大的自然语言处理（NLP）流水线的一部分使用，其中编码后的内容用作下游任务的输入，如分类、聚类或信息检索。

一些流行的仅有编码器的预训练语言模型包括：

BERT（Bidirectional Encoder Representations from Transformers）：BERT 是基于 Transformer 的语言模型，它在遮蔽语言建模任务和下一步预测任务上进行训练。它可以创建捕捉双向上下文信息的上下文嵌入。

RoBERTa（A Robustly Optimized BERT Pretraining Approach）：RoBERTa 是 BERT 的扩展版本，它引入了额外的训练数据，并对训练过程进行了调整以提高性能。

DistilBERT：DistilBERT 是 BERT 的较小版本，它在保持大部分性能的同时减少了计算成本和内存需求。

XLNet：XLNet 是另一个基于 Transformer 的模型，它将自回归和自编码语言建模的思想结合起来。它使用置换式训练来处理双向上下文，并在各种 NLP 任务上实现了最先进的性能。

ALBERT（A Lite BERT）：ALBERT 是 BERT 的一种变体，它使用参数共享技术来减小模型的大小和内存占用，同时保持性能。

"Encoder-only Pre-trained Models" 已成为现代 NLP 应用中的关键组件，它们允许迁移学习，并显著提高下游任务的性能，即使有限的标记数据可用。通过利用大规模预训练的知识，这些模型可以在特定任务上进行微调，将其嵌入向量调整为下游应用的特定要求。

2.1.2 解码预训练语言模型

GPT（generative pre-trained transformer）是由 OpenAI 提出的只有解码器的预训练模型（decoder-only pre-trained models）。相较于之前的模型，不再需要对于每个任务采取不同的模型架构，而是用一个取得了优异泛化能力的模型去针对下游任务进行微调。在本节将介绍 GPT 系列模型，包括 GPT-1、GPT-2 和 GPT-3，表 2.1 列举了 GPT 若干模型的信息。

表 2.1　GPT 系列模型的参数对比

模　　型	架　构	参　数　量	数　据　集	机　　　构
BERT ALBERT RoBERTa	Enc	Base=100M, Large=340M Base=12M, Large=18M, XLarge=60M 365M	Wikipedia, BookCorpus	Google Google Meta/ 华盛顿大学
GPT-1 GPT-2 GPT-3	Dec Dec Dec·	117M 1542M 175B（1750 亿）	BookCorpus WebText Common Crawl, WebText2, Books1, Books2, Wikipedia	OpenAI
BART T5 SwitchTransformers	Eno-Dec	400M 11B（110 亿） 1.6T	En. Wikipedia, BookCorpus C4 C4	Meta Google Google

1. GPT-1

GPT-1 是在文章 *Improving Language Understanding by Generative Pre-Training* 中被提出。在 GPT 被提出之前，大多数深度学习方法都需要大量人工标注的高质量数据，但是标注数据的代价是巨大的，这极大程度上限制了模型在各项任务性能的上限。如何利用容易获取的大规模无标注数据来为模型的训练提供指导成为 GPT-1 需要解决的第一个问题。另外自然语言处理领域中有许多任务依赖于自然语言在隐含空间中的表征，不同任务对应的表征很可能是不同的，这使得根据一种任务数据学习到的模型很难泛化到其他任务上。因此如何将从大规模无标注数据上学习到的表征应用到不同的下游任务成为 GPT-1 需要解决的第二个问题。

图 2.1 显示了 GPT-1 的技术框架。GPT-1 是由 12 层 Transformer Block（自注意力模块和前馈神经网络模块）叠加而成。针对第一个问题，GPT-1 中使用了自左到右生成式的目标函数对模型进行预训练。该目标函数可以简单理解为给定前 i-1 个 token，对第 i 个 token 进行预测。基于这个模板函数，GPT-1 就可以利用无标注的自然语言数据进行训练，学习到更深层次的语法信息与语义信息。

针对第二个问题，在完成了无监督的预训练之后，GPT-1 接着使用了有标注的数据进行有监督的微调使得模型能够更好地适应下游任务。给定输入 token 序列 $x_1, x_2, ..., x_m$ 与标

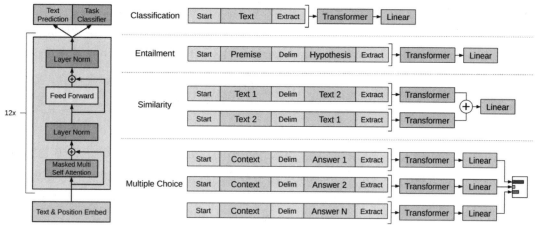

图 2.1　GPT-1 模型架构及微调方式

签 y 的数据集，对模型的参数进行再次训练调整，用到的优化模型是在给定输入序列时预测的标签最接近真实值。

　　具体而言，GPT-1 在大规模无标注语料库上预训练之后，再利用有标注数据在特定的目标任务上对模型参数进行微调，实现了将预训练中获得的知识迁移到下游任务。在 GPT-1 提出之前，自然语言处理领域常用的预训练方法是 Word2Vec。在此之后，GPT-1 提出的两步走的训练方法成为许多大型语言模型的训练范式。从这个角度来看，GPT-1 和 Word2Vec 在具体下游任务中发挥的作用是类似的，通过无监督的方法获取自然语言的隐含表示，再将其迁移至其他目标任务。但是从更高的层面来看，GPT-1 与以往的词向量表示方法不同，其数据量与数据规模的增大使得模型能够学习到不同场景下的自然语言表示。

　　总体来说，GPT-1 的目标是学习到一个通用的自然语言表征，并在之后做简单调节，适应很大范围上的任务。从现在的角度来看，GPT-1 成功背后有两个原因：第一个是 2017 年 Transformer 的提出使得捕获自然语言中长距离依赖关系成为可能；第二个是 GPT 模型在预训练过程中用到了更大的数据量以及更多的模型参数，使得模型能够从大规模语料库中学习到以往模型无法学习的知识。而任务微调在通用预训练和下游任务之间搭起了知识桥梁，使得用一个模型解决多种问题成为一条可行之路。在图 2.1 中，左侧是 GPT-1 的架构以及训练时的目标函数，右侧是对于不同任务上进行微调时模型输入与输出的改变。

2. GPT-2

　　与 GPT-1 中的通过预训练 - 微调范式来解决多个下游任务不同，GPT-2 更加侧重于 Zero-shot 设定下语言模型的能力。Zero-shot 是指模型在下游任务中不进行任何训练或微调，即模型不再根据下游任务的数据进行参数上的优化，而是根据给定的指令自行理解并完成任务。

　　简单而言，GPT-2 并没有对 GPT-1 的模型架构进行创新，而是在 GPT-1 的基础上引入任务相关信息作为输出预测的条件，将 GPT-1 中的条件概率 P（output|input）变为 P（output|input; task），并继续增大训练的数据规模以及模型本身的参数量，最终在零样本

（zero-shot）的设置下对多个任务都展示了巨大的潜力。

虽然 GPT-2 并没有模型架构上的改变，但是其将任务作为输出预测的条件引入模型从而在零样本的设置下实现多个任务的想法一直延续至今。这种思想事实上是在传达只要模型足够大，学到的知识足够多，任何有监督任务都可以通过无监督的方式来完成，即任何任务都可以视作生成任务。

3. GPT-3

GPT-3 使用了与 GPT-2 相同的模型和架构，不同之处是 GPT-3 拥有了 1750 亿参数。表 2.1 综合统计了 GPT-1、GPT-2 和 GPT-3 的参数量、模型架构以及预训练的数据集，方便读者直观地理解 GPT 的迭代趋势。

GPT-3 最显著的特点在于其巨大的规模。首先，模型本身规模大，参数量众多，包括 96 层 transformer decoder layer，每一层有 96 头注意力，每个注意力有 128 维，单词嵌入的维度也达到了 12,288。其次，训练过程中使用到的数据集规模也非常大，高达 45TB。在这样大规模的模型和数据量下，GPT-3 在多个任务上表现出非常优异的性能。延续了 GPT-2 在将无监督模型应用到有监督任务的思想，GPT-3 在 Few-shot、One-shot 和 Zero-shot 等设置下的任务表现都得到了显著提升。

虽然 GPT-3 取得了令人惊喜的效果，但也存在许多限制。例如，由于天然的从左到右生成式学习，其理解能力仍有待提高。对于一些简单的数学题目仍不能很好地完成，而且模型性能强大也带来了一些社会伦理问题等挑战。同时，由于 GPT 系列模型并没有对模型的架构进行改变，而是不断通过增大训练数据量以及模型参数量来增强模型效果，训练代价巨大，这使得普通机构和个人无法承担大型语言模型训练甚至推理的代价，从而极大地提高了模型推广的门槛。

2.1.3　基于编解码架构的预训练语言模型

编码器 - 解码器预训练语言模型（Encoder-decoder Pre-trained Models）已成为自然语言处理（NLP）中的一种广受欢迎的架构，被用于机器翻译、摘要生成、问答等序列到序列任务。编码器 - 解码器模型包含两个主要组件：编码器用于处理输入数据，解码器用于生成输出序列。

预训练的编码器 - 解码器模型成功地利用大规模语言建模来改进各种 NLP 任务的性能。以下是一些知名的预训练编码器 - 解码器模型：

Transformer: Transformer 模型是由 Vaswani 等人在 2017 年的论文 "Attention Is All You Need" 中提出。目前，该模型已经成了许多最先进 NLP 模型的关键组成部分。Transformer 模型包含一个编码器（Encoder）和一个解码器（Decoder），见图 2.2。编 / 解码器主要由两个模块组合成：前馈神经网络（图中蓝色的部分）和注意力机制（图中玫红色的部分），解码器通常多一个（交叉）注意力机制。Transformer 最重要的部分就是注意力机制。

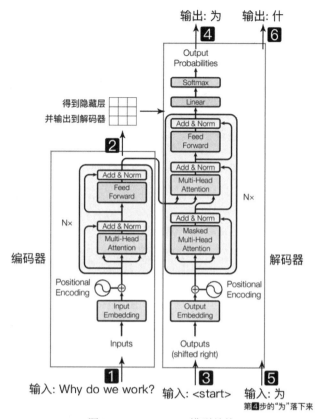

图 2.2　Transformer 模型结构

　　BERT（Bidirectional Encoder Representations from Transformers）：BERT 主 要 是 一 个编码器模型，但可以与解码器结合使用来处理各种序列到序列任务，见图 2.3。它是由Devlin 等人在 2018 年提出的，使用掩蔽语言建模目标进行预训练。BERT 在各种 NLP 任务中取得了显著的成功，包括问答、文本分类和命名实体识别。

　　GPT（Generative Pre-trained Transformer）：GPT 是 OpenAI 在 2018 年 的 论 文 "Improving Language Understanding by Generative Pre-Training" 中 提 出 基 于 Transformer 的 自 回 归 语言模型，见图 2.4。它主要用于生成连贯且上下文相关的文本，在文本生成任务中被广泛使用。

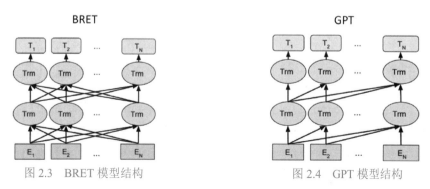

图 2.3　BRET 模型结构　　　　　　　　　　图 2.4　GPT 模型结构

　　T5（Text-to-Text Transfer Transformer）：T5 是由 Raffel 等人在 2019 年提出的多功能预

训练模型，其中所有的 NLP 任务都被转化为文本到文本的格式。这种统一的方法使得 T5 可以通过将任务转化为文本生成问题来处理各种任务。T5 的灵活性使其在编码器 - 解码器任务中备受欢迎，它的模型结构见图 2.5。

BART（Bidirectional and Auto-Regressive Transformers）：BART 结合了 BERT 和 GPT 的优点，通过预训练来同时处理掩蔽语言建模和去噪自编码任务，它的模型结构见图 2.6。BART 在各种序列到序列任务中表现出色，成为编码器 - 解码器模型的有力竞争者。

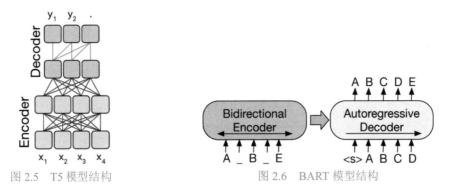

图 2.5　T5 模型结构　　　　　　　　图 2.6　BART 模型结构

MASS（Masked Sequence-to-Sequence Pre-training）：MASS 模型是由 Song 等人在 2019 年提出的，采用与 BERT 相同的掩蔽语言建模方法，但着重于序列到序列任务。它通过掩蔽输入和输出标记进行预训练，鼓励模型学习更好的编码器 - 解码器任务表示。MASS 模型结构见图 2.7，它包含了编码、注意力和解码三个部分。为了在少样本甚至零样本的任务中取得好成绩，也为了表现出很好的迁移学习的能力，MASS 同时容纳 GPT 和 BERT 的预训练方式。

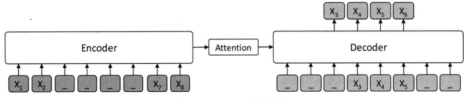

图 2.7　MASS 模型结构

2.2　提示学习与指令精调 〉〉〉〉

2.2.1　提示学习概述

提示学习（prompt learning）是指利用精心设计的提示来引导预训练语言模型在特定任务中进行微调的过程。这是自然语言处理（NLP）任务中的迁移学习技术，首先将预训练模型暴露于大规模的文本语料库中，以学习一般的语言模式，然后再在较小的特定任务数据集上使用特定的提示进行进一步的微调。

提示学习的理念是利用预训练模型所捕获的知识和语言理解能力，并将其调整以在下游任务中表现良好，而无需大量特定任务的训练数据。通过提供任务特定的提示，模型可以聚焦于目标任务的具体结构和上下文。

例如，如果预训练语言模型最初是在包含一般文本的大型数据集上训练的，可以使用为情感分析、机器翻译或其他任务设计的提示来进行微调。这些提示作为模型的提示或指导，引导其关注相关信息，并使其能够提供更准确和任务特定的输出。

提示学习因其在相对较少的特定任务数据量下取得竞争性结果而受到欢迎。它可以与多种预训练模型（如 GPT、BERT、T5 等）结合使用，并成功应用于各种 NLP 任务，包括文本分类、问答、摘要生成等。通过利用提示学习，开发人员和研究人员可以在特定的 NLP 任务中获得强大的性能，同时避免为每个任务从头开始在大型数据集上训练模型。提示学习还有各种有趣的用法，如小样本场景下的语境学习（in-context learning），即在提示中加入几个完整的例子，以及在推理任务上的思维链（chain-of-thought，COT）（将在第 3 章中详细介绍），等等。

相较于提示学习，指令精调（instruction tuning）可以说是提示学习的加强版。两种学习方法的本质目标均是希望通过编辑输入来深挖模型自身所蕴含的潜在知识，进而更好地完成下游任务。而与提示学习不同的是，指令学习不再满足于模仿预训练数据的分布，而是希望通过构造"指令（instruction）"并微调的方式，学习人类交互模式的分布，使模型更好地理解人类意图，与人类行为对齐；在指令学习中，模型需要面对的不再是单纯的补全任务，而是各种不同任务的"指令"，即任务要求。模型需要根据不同的任务要求，做出相匹配的正确回复。"指令"举例如下（见图 2.8）。

- 请将下面这句话翻译成英文"落霞与孤鹜齐飞"。
- 请帮我把下面这句话进行中文分词"今天的午饭我吃得很饱。"
- 请帮我写一首描绘爱情的诗词，诗词中要有月亮和玫瑰。

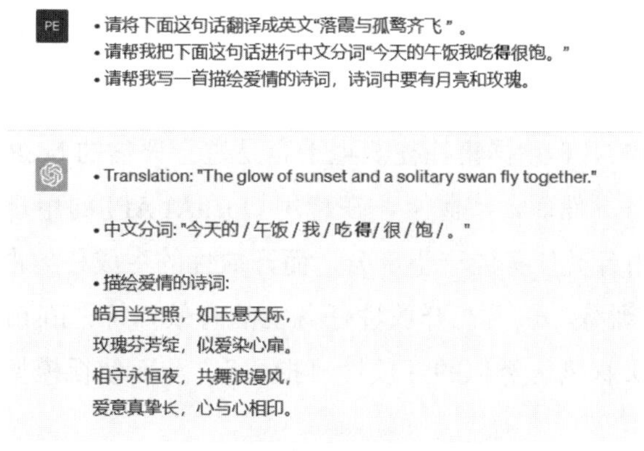

图 2.8　通过指令完成任务需求

由图 2.8 可知，原本自然语言处理中的经典任务，经过任务要求的包装后，就变成了更符合人类习惯的"指令"。研究表明，当"指令"任务的种类达到一定量级后，大模型甚至可以在没有见过的零样本（zero-shot）任务上有较好的处理能力。因此，指令学习可以帮助语言模型训练更深层次的语言理解能力，以及处理各种不同任务的零样本学习能力。OpenAI 提出的 InstructGPT 模型使用的就是指令学习的思想，ChatGPT 沿袭了 InstructGPT 的方法。

2.2.2 ChatGPT 中的指令学习

根据 OpenAI 的博客，ChatGPT 中使用的指令学习（instruction tuning）可以看作是提示学习的加强版。两种学习方法的本质目标均是希望通过编辑输入来深挖模型自身所蕴含的潜在知识，进而更好地完成下游任务。然而，与提示学习不同的是，指令学习不再满足于模仿预训练数据的分布，而是希望通过构造"指令（instructions）"并进行微调，学习人类交互模式的分布，从而使模型更好地理解人类意图并与人类行为对齐。

InstructGPT 的"指令"数据集由两部分构成。一部分是从全球用户使用 OpenAI 的 API 时收集的真实人机交互数据，在使用之前经过信息去重和敏感信息过滤。另一部分数据则来自人工标注。为了确保高质量地标注数据，OpenAI 通过前期审核和面试聘请了一个由 40 人组成的标注团队。在 InstructGPT 中，手动标注的数据分为三类。第一类是标注人员编写的任意任务"指令"，以增加数据集中任务的多样性。第二类是小样本（few-shot）数据，标注人员提供"指令"以及相应的问答对，用于训练模型的小样本学习能力。第三类是现有 OpenAI API 中的用例，标注人员模仿这些用例编写类似的"指令"数据。这些数据涵盖了语言模型中常见的任务类型，包括生成、问答、聊天、改写、总结、分类等，其中 45.6% 的"指令"属于生成任务类型，在所有任务类型中占比最大。

InstructGPT 通过在构造的"指令"数据集上进行有监督微调（supervised fine-tuning，SFT）和基于人工反馈的强化学习（reinforcement learning from human feedback，RLHF），以使模型与人类需求对齐。

在实验结果中，使用指令学习的含有 175B 参数的 InstructGPT 模型，在指令学习的经典数据集 FLAN、T0 上进行精调后，发现 InstructGPT 模型在效果上相比 FLAN、T0 模型都有一定程度的提升。其原因可以归结为两点：

首先，现有公开的 NLP 数据集往往侧重于容易进行评估的 NLP 任务，例如分类、问答、翻译或总结等任务。然而，实际上，在使用 OpenAI API 的用户中，用模型解决分类或问答任务的比例只占各类任务的一小部分，而开放性的生成任务占比最大。传统模型仅在公开 NLP 数据集上训练，缺乏在开放性任务上的有效训练。InstructGPT 通过让标注人员大量标注而生成和头脑风暴类似的开放性"指令"，从而使得模型在这些方面有显著的效果提升。

其次，现有公开 NLP 数据集往往只针对一种或几种语言任务进行处理，忽略了人类用户可能提出各种任务需求的情况。因此，只有能够综合处理各种任务的模型，才能在实际应用中获得更好的效果。而 InstructGPT 所使用的指令学习技术正好可以弥补传统模型的不足，通过标注大量具有任务多样性的"指令"数据，帮助模型在各类任务上具备更好的处理能力。

2.3　思维链 >>>>

人类在解决数学应用题这类复杂推理任务的过程中，通常会将问题分解为多个中间步骤，并逐步求解，进而给出最终的答案。例如求解问题"抛掷一个质地均匀的子的试验，事件 A 表示"小于 5 的偶数点出现"，事件 B 表示"不小于 5 的点数出现"，则一次试验中，事件 A 或事件 B 至少有一个发生的概率为（）"。受此启发，谷歌研究人员 Jason Wei（现 OpenAI 员工）等提出了思维链（chain of thought，COT），通过在小样本提示学习的示例中插入一系列中间推理步骤，有效提升了大规模语言模型的推理能力。

相较于一般的小样本提示学习，思维链提示学习具有以下性质：

（1）在思维链的加持下，模型可以将需要进行多步推理的问题分解为一系列的中间步骤，这可以将额外的计算资源分配到需要推理的问题上。

（2）思维链为模型的推理行为提供了一个可解释的窗口，使通过调试推理路径来探测黑盒语言模型成为可能。

（3）思维链推理应用广泛，不仅可以用于数学应用题求解、常识推理和符号操作等任务，而且可能适用任何需要通过语言解决的问题。

（4）思维链使用方式非常简单，可以非常容易地融入语境学习（in-context learning），从而诱导大语言模型展现出推理能力。

针对零样本场景，ChatGPT 利用推荐关键词"Let's think stepby step"（让我们一步一步思考）生成中间步骤的内容，从而避免了人工撰写中间步骤的过程，如图 2.9 所示。

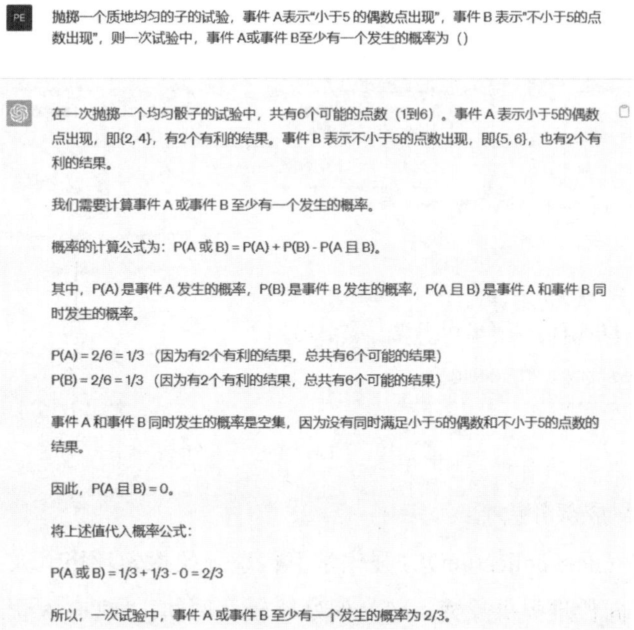

图 2.9　ChatGPT 中思维链的实现过程

2.4 基于人类反馈的强化学习 »»»

基于人类反馈的强化学习（reinforcement learning with human feedback，RLHF）是 ChatGPT/InstrcutGPT 实现与人类意图对齐，即按照人类指令尽可能生成无负面影响结果的重要技术。图 2.10 显示了 RLHF 的流程图。RLHF 同时采用了传统强化学习（RL）和人类反馈相结合的技术来训练人工智能模型，其目的是解决强化学习中的一些挑战和局限，例如需要进行大量探索、奖励稀疏以及样本复杂度高的问题。

在传统的强化学习中，代理与环境进行交互，并通过根据其行为获得的奖励或惩罚来学习。然后，代理使用这些反馈来调整其行为，以使累积奖励最大化。然而，在复杂环境中，设计一个有效引导代理到达期望行为的奖励函数可能是具有挑战性的，导致学习进展缓慢或无效。为了克服这些挑战，RLHF 将人类反馈纳入学习过程中。代理不仅仅依赖于环境奖励的稀疏信息，还会从人类训练者那里获得反馈。这些反馈可以采取多种形式，例如比较不同轨迹之间的差异，演示期望行为，或者为特定动作提供奖励信号。

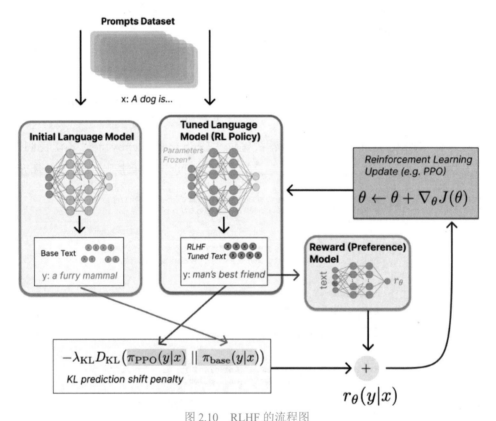

图 2.10　RLHF 的流程图

RLHF 的主要组成部分包括：

（1）数据收集（data collection）。强化学习代理开始探索环境，人类训练者观察其行为。然后，训练者向代理提供反馈，包括偏好比较（例如，"轨迹 A 优于轨迹 B"），奖励演示（例如，"这个动作是好的／坏的"）或其他形式的反馈。

（2）反馈聚合（feedback aggregation）。由于多个人类训练者可能对于何为良好行为有不同的意见，因此需要将他们的反馈进行聚合以创建一致的训练信号。可以使用不同的方法，例如逆强化学习或奖励建模，来有效地结合人类反馈。

（3）策略改进（policy improvement）。代理使用聚合的人类反馈，结合自己的经验，更新其策略并改善其决策过程。强化学习算法利用这些反馈来学习更好的策略，使其与人类的偏好保持一致。

（4）迭代过程（iterative process）。RHLF 通常是一个迭代过程，在这个过程中，代理与环境进行交互，接收来自人类的反馈，更新其策略，并重复这个循环。随着时间的推移，代理的性能得到改善，因为它从人类的指导和环境交互中学习。

RHLF 的优点包括：

（1）样本效率（sample efficiency）。与传统强化学习相比，RHLF 可以实现更快的学习，因为人类反馈可以提供关键信息，有效地指导代理的学习过程。

（2）鲁棒性（robustness）。通过结合人类反馈，代理可以更加稳健地训练以处理特定情况或边缘案例。

（3）道德人工智能（ethical AI）。RHLF 可以用于使人工智能的行为与人类的价值观和偏好保持一致，成为开发安全和道德人工智能系统的有用工具。

本章小结 》》》》

本章介绍了 ChatGPT 的基础理论，包括 Transformer 模型、指令精调、思维链和基于人类反馈的强化学习，这些理论的介绍将会帮助读者更好地理解 ChatGPT 的工作原理，同时为第 3 章的学习提供了理论依据。

思考题 》》》》

1. Transformer 模型是由哪两部分组成？
2. 解释仅有编码器的预训练语言模型？
3. 编码器 – 解码器模型的作用？
4. ChatGPT 中指令精调的作用是什么？
5. InstructGPT 的"指令"数据集构成是怎样的？

第3章 提示工程

学习目标

- 理解提示工程的目的和作用;
- 掌握提示的使用原则;
- 掌握提示的基本技术;
- 理解提示的实用技巧。

3.1 简介 »»»

3.1.1 什么是提示工程

在解释提示工程(prompt engineering, PE)之前,需要先解释 prompt 这个词。prompt 可以简单地理解为给 AI 模型的指令,它可以是一个问题、一段文字描述,甚至可以是带有一堆参数的文字描述。AI 模型会基于 prompt 所提供的信息,生成对应的文本或者图片。

例如,我们在 ChatGPT 里输入"中国的首都是什么",见图 3.1,这个问题本身就是 prompt。

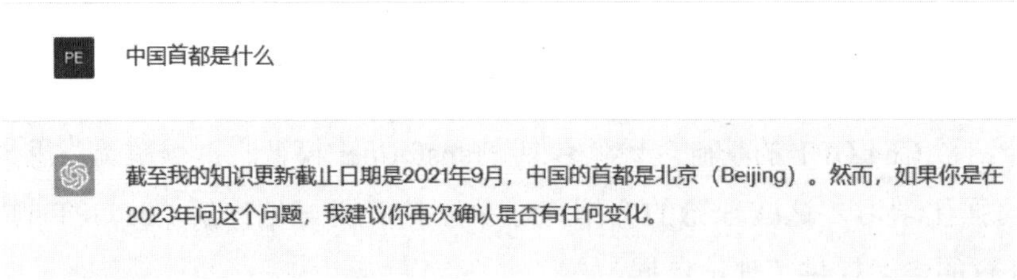

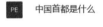

PE　中国首都是什么

截至我的知识更新截止日期是2021年9月,中国的首都是北京(Beijing)。然而,如果你是在 2023年问这个问题,我建议你再次确认是否有任何变化。

图 3.1　一个提示工程的实例

提示工程可以被描述为是一种人工智能(AI)技术,它通过设计和改进 AI 的 prompt 来提高 AI 的表现。提示工程的目标是创建高度有效和可控的 AI 系统,使其能够准确、可靠地执行特定任务。

过去,我们使用 AI 产品时,通过会话、打字等方式,让 AI 产品输出答案,如 JD 网上的聊天机器人。但如果想要得到更加满意的答案,甚至更加精确的答案,就需要用到 PE 这个技术。

由于人类的语言从根本上说是不精确的,因此目前机器还没法很好地理解人类说的话,所以才会出现 PE 这个技术。另外,受制于目前大语言模型的实现原理,部分逻辑运算问题,需要额外对 AI 进行提示。

例如,如果我们在 ChatGPT 里输入这样的一段话:

What is 100*100/400*56?

ChatGPT 会返回一个错误的答案 0.4464,见图 3.2。

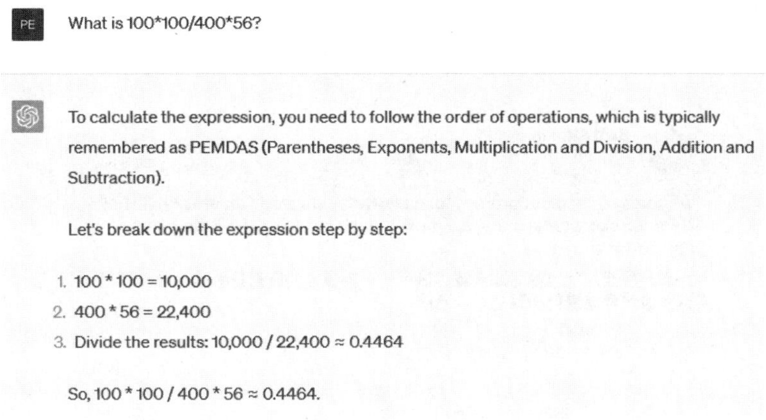

图 3.2　ChatGPT 输出的一个错误结果

但如果我们对 prompt 进行一些修改，则会得到一个正确的答案，如我们输入：

What is (100*100)/400*56?

ChatGPT 会输出 1,400 这个结果，见图 3.3。

图 3.3　改进 prompt 后 ChatGPT 的输出结果

　　目前的 AI 产品还处于早期阶段，许多 AI 产品进行了很多限制设置，如果想要绕过一些限制，更好地发挥 AI 产品的能力，需要用到提示工程（PE）技术。因此，提示工程是一种重要的 AI 技术。AI 产品用户可以通过这个技术，充分发挥 AI 产品的能力，获得更好的体验，从而提高工作效率。产品设计师或者研发人员可以通过提示工程来设计和改进 AI 系统的提示，从而提高 AI 系统的性能和准确性，为用户带来更好的 AI 体验。

3.1.2　学习 PE 的必要性

　　虽然 prompt 存在各种好处，但有不少人对使用 PE 存在一些争议，他们认为 PE 就像当年搜索工具刚出来的时候，出现了不少所谓的"搜索专家"，熟练使用各种搜索相关的"奇技淫巧"，但现在这些专家都不存在了。AI 产品的不断迭代会让它们变得更加易用，而无须再使用类似 PE 的技巧。

　　但现阶段 AI 产品并没有到达这种智能，因此我们还需要了解和学习 PE，从而让

AI 产品更好地为我们服务。OpenAI 的执行总裁 Sam Altman 在 2023 年 2 月底提到，给 ChatGPT 写 prompt 是一项非常高的技能，见图 3.4。

图 3.4　SamAltman 对 prompt 的意见

而在 2022 年 9 月，Sam Altman 在受访时提到，5 年内我们很可能就不再需要 PE，见图 3.5。

Audience Member:
What do you think will be the way that most users interact with foundation models in five years? Do you think there'll be a number of verticalized AI startups that essentially have adapted a fine-tuned foundation model to industry? Or do you think prompt engineering will be something many organizations have as an in-house function?

SA:
I don't think we'll still be doing prompt engineering in five years. And this'll be integrated everywhere. Either with text or voice, depending on the context, you will just interface in language and get the computer to do whatever you want. And that will apply to generate an image where maybe we still do a little bit of prompt engineering, but it's just going to get it to go off and do this research for me and do this complicated thing or just be my therapist and help me figure out to make my life better or go use my computer for me and do this thing or any number of other things. But I think the fundamental interface will be natural language.

图 3.5　Sam Altman 在 2022 年对 PE 的态度

从用户的角度看，学习 prompt 可以让用户更好地使用 ChatGPT。从产品的角度看，目前 prompt 是必要的，但未来的 AI 产品（如 ChatGPT）会有更友好的交互形式，或者被理解能力更强的 AI 产品替代。

3.2　Prompt 的使用基本原则 >>>>

我们在与 ChatGPT 进行对话时，或者在使用和设计 prompt 时，需要遵循以下几个原则。

1. 包含完整的信息

在书写 prompt 时，需要细化我们的需求，最好让 prompt 包含最完整的信息，从而让 ChatGPT 能够输出更准确的结果。例如，你想让 ChatGPT 写一首关于 OpenAI 的诗，并将以下内容作为 prompt。

Write a poem about OpenAI.

则 ChatGPT 生成的答案会非常宽泛，而在 prompt 中输入更多的信息，则会让 ChatGPT 的输出结果更加准确，如用以下内容作为 prompt。

Write a short inspiring poem about OpenAI, focusing on the recent DALL-E product launch (DALL-E is a text to image ML model) in the style of a famous poet

2. 简洁易懂，减少歧义

尽量使用一些简单的短句，避免使用模棱两可的语句。比如，用"他说他会做，也不会做"作为 prompt 就会产生歧义，而用"无论如何，他也不会做"作为 prompt 就会有效地避免歧义。

此外，简单的短句并不代表着 prompt 内容是短的，有时 prompt 的内容可以很长，并且描述得更加清晰和准确，这样 ChatGPT 产生的结果也更加准确。

3. 使用正确的语法、拼写及标点

在书写 prompt 时，建议使用正确的语法，如"雷锋是我们学习的"这句汉语本身存在语法问题，这会导致 ChatGPT 难以猜测这句话的正确含义。而在使用英语句子作为 prompt 时，不小心将"My head hurts"写成了"My hand hurts"，则 ChatGPT 生成的结果也将完全不一致。

4. 不断地完善 prompt 内容

例如，对于 3.1 节中提到的 prompt 例子"What is 100*100/40*56？"，如果发现 ChatGPT 给出了错误结果，则可以补充一些新的信息，让 ChatGPT 多输出几次，从而获得正确的结果。

3.3　提示技术 >>>>

提示技术是指构造提示（prompt）的技巧和方法。提示技术通过提供清晰而具体的说明来指导模型输出，确保它是相关的。为了指导读者使用 prompt，OpenAI 提供了 23 种 prompt 的构造方法和相应的提示公式（即 prompt 的内容）。

提示公式是提示的具体格式，一般由 3 个要素组成。

任务：对模型生成内容的清晰、简洁的陈述。

说明：模型生成文本时应遵循的指令。

角色：模型在生成文本时应承担的角色。

3.3.1　说明提示技术（instructions prompt technique）

说明提示技术是一种指导 ChatGPT 输出的方法，它为模型提供具体的指令。这种技术在确保输出内容的相关性和高质量。要使用说明提示技术，需要为模型提供一个清晰简明的任务和可以遵循的具体指令。

提示公式："按照这些指示生成 [任务]: [说明]"

例 1：生成客服的回复。首先要提供一个任务，如"生成客户咨询的回复"，随后说明：回答应该是专业的并提供准确的信息。则"生成客户的回复"的提示公式：

任务：生成对客户咨询的回复。

说明：回答应该是专业的并提供准确的信息。

提示公式："生成对客户咨询的回复：回答应该是专业的并提供准确的信息。"

在使用说明提示技术时，重点是：说明应该是清晰、具体的，这将会确保输出内容具有相关性和高质量。说明提示技术可以和后面章节中的"角色提示"和"种子词提示"结合起来，提高 ChatGPT 的输出质量。

例 2：生成一份法律文件。其提示公式如下：

任务：生成一份法律文件。

说明：该文件应符合相关法律和法规的规定。

提示公式："按照这些指令，生成一份符合相关法律和法规的法律文件，该文件应符合相关法律和法规。"

3.3.2　角色提示技术（role prompting technique）

角色提示技术是通过为模型提供特定角色来引导 ChatGPT 输出的一种方法。这种技术对于生成针对特定环境或受众的文本很有用。为了使用角色提示技术，需要为模型提供一个明确而具体的角色。例如，如果你正在生成客户服务回应，此时你的角色是一名客户服务代表。则基于角色提示技术的提示公式如下。

提示公式："生成 [任务] 作为一个 [角色]"

使用带有说明提示和种子词提示的角色提示技术将增强 ChatGPT 的输出质量，下面是一个如何将说明提示、角色提示和种子词提示技术相结合的示例：

例 3：为新智能手机生成产品描述。

任务：为新智能手机生成产品描述。

指令：该描述应具有信息性、说服力，并强调智能手机的独特功能。

角色：营销代表。

种子词："创新"。

提示公式："作为营销代表，生成一个信息量大，有说服力的产品描述，突出新智能手机的创新功能。该智能手机具有以下特点 [插入手机的特点]。"

在这个例子中，指令提示被用来确保产品描述具有信息性和说服力，角色提示用于确保以营销代表的角度编写描述，种子词提示用于确保描述侧重于智能手机的创新功能。

例 4：生成一份法律文件。

任务：生成一份法律文件。

角色：律师。

提示公式："为律师生成一份法律文件。"

例 5：生成客户服务回复。

任务：生成对客户咨询的回复。

角色：客服。

提示公式："作为客服，生成对客户咨询的答复。"

3.3.3　标准提示（standard prompts）

标准提示是引导 ChatGPT 输出的一个简单方法，它提供了一个具体的任务让模型完成。其提示公式："生成 [任务]"。

例 6：生成新闻文章摘要。

任务：总结这篇新闻文章。

提示公式："生成这篇新闻文章的摘要。"

例 7：生成产品评论。

任务：撰写有关新智能手机的评论。

提示公式："生成对这款新智能手机的评论"。

此外，标准提示可以与其他技术相结合，如角色提示和种子词提示，来增强 ChatGPT 的输出质量。下面是一个如何将指令提示、角色提示和种子词提示技术相结合的示例。

例 8：为新笔记本电脑生成产品评论。

任务：为新笔记本电脑生成产品评论。

说明：评论应该是客观的，信息丰富的，并突出笔记本电脑的独特功能。

角色：技术专家。

种子词："强大的"。

提示公式："作为一名技术专家，生成一份客观且信息丰富的产品评论，突出新笔记本电脑的强大功能。"

在例 8 中，使用标准提示技术来确保模型生成产品评论，角色提示技术用于确保评论是从技术专家的角度撰写的，使用种子词提示技术来确保评论集中在笔记本电脑的强大功能上。

3.3.4　零、单个和小样本提示（zero, one and few shot prompting）

零提示、单个提示和小样本提示是用于从 ChatGPT 中生成文本的技术，只有极少或没有示例可以参考。这些技术通常用于下列情况：当前任务的可用数据有限、任务是全新的、任务定义不明确。

当没有可用于任务的范例时，使用零样本提示技术。向模型提供一个普通的任务，它会根据对任务的理解生成文本。当任务只有一个范例可用时，可以使用单样本提示技术。提供一个范例给模型，模型根据对该范例的理解生成文本。当可用于任务的范例数量有限时，可使用小样本提示技术。提供了少量范例给模型，模型根据对该范例的理解生成文本。其提示公式："基于 [数量] 的例子生成文本"。

例 9：将一款新的智能手机与最新的 iPhone 进行比较。

任务：将一款新的智能手机与最新的 iPhone 进行比较。

提示公式："生成这个新智能手机的产品比较，有一个例子（最新的 iPhone）。"

例 10：为一个新产品生成产品描述，没有可用的例子。

任务：为新智能手机生成产品描述。

提示公式："为这个新的智能手表生成一个产品描述，没有范例。"

例 11：生成一个产品评论，可用的例子很少。

任务：写一篇新电子阅读器的评论。

提示公式："用几个例子（其他 3 个电子阅读器）生成对这个新电子阅读器的评论。"

3.3.5　"让我们思考这个"提示（"Let's think about this" prompt）

"让我们思考这个"提示是一种用于鼓励 ChatGPT 生成反思性、沉思性文本的技术。这种技术对于写作散文，诗歌或创造性写作等任务很有用。此提示要求就特定主题或想法进行对话或讨论。以下是使用此技术的一些提示示例。

提示："让我们思考一下气候变化对农业的影响"。

提示："让我们讨论一下人工智能的现状"。

提示："让我们谈谈远程工作的好处和缺点"。

该模型提供了一个提示，作为对话或文本生成的起点。然后，该模型使用其训练数据和算法来生成与提示相关的响应。该技术允许 ChatGPT 基于提供的提示生成上下文适当且连贯的文本。

要在 ChatGPT 中使用"让我们思考这个"技术，可以按照以下步骤操作：

（1）确定您要讨论的主题或想法。

（2）制定一个提示，清楚地说明主题或想法，并开始对话或文本生成。

（3）在提示前面加上"让我们思考"或"让我们讨论"，表明您正在发起对话或讨论。

还可以添加一个开放式问题、语句或一段文本，希望模型继续或构建。提供提示后，模型将使用其训练数据和算法生成与提示相关的响应，并以连贯的方式继续对话。这个提示能够帮助 ChatGPT 以不同的视角和角度给出答案，从而产生更具动态性和信息性的段落。使用提示的步骤很简单，易于遵循，它可以真正改变你的写作。

例 12：生成一篇反思性文章。

任务：写一篇关于个人成长主题的反思性文章。

提示公式："让我们思考这个：个人成长。"

例 13：生成一首诗。

任务：写一首关于季节变化的诗。

提示公式："让我们想想这个：不断变化的季节。"

3.3.6 自我一致性提示（self-consistency prompt）

自我一致性提示是一种技术，用于确保 ChatGPT 的输出与提供的输入一致。这种技术对于诸如事实核查、数据验证或文本生成中的一致性检查等任务很有用。自我一致性提示的提示公式是输入文本后，说明"请确保以下文本是自我一致的，或者提示模型生成与提供的输入一致的文本。"

例 14：文本生成。

任务：生成产品评论。

指令：评论应与输入中提供的产品信息一致。

提示公式："生成与以下产品信息 [插入产品信息] 一致的产品评论。"

例 15：文本摘要。

任务：总结这篇新闻文章。

指令：摘要应与本条所提供的信息保持一致。

提示公式："以符合所提供信息的方式，总结以下新闻文章 [插入新闻文章]"。

例 16：文本完成。

任务：写一个句子。

指令：完成的句子，应与输入中提供的背景相一致。

提示公式："以符合所提供上下文的方式完成以下句子 [插入句子]"。

例 17：事实核查。

任务：检查某篇新闻文章的一致性。

输入文本："这篇文章说这个城市的人口是 500 万，但后来又说人口是 700 万。"

提示公式："请确保下面的文字是自洽的：文章说该城市的人口是 500 万，但后来又说人口是 700 万。"

例 18：数据验证。

任务：检查给定数据集中的一致性。

输入文本："数据显示，7 月份的平均气温为 30 度，但最低气温记录为 20 度。"

提示公式："请确保下面的文字是自洽的：数据显示，7 月份的平均气温为 30 度，但最低气温记录为 20 度。"

3.3.7 种子词提示（seed-word prompt）

种子词提示是一种技术，通过为 ChatGPT 提供特定的种子词或短语，来控制 ChatGPT 的输出。种子词提示的提示公式是："请根据以下种子词生成文本：种子词或短语"。

例 19：文本生成。

任务：生成一个关于龙的故事。

种子词："龙"。

提示公式："请根据以下种子词生成文本：龙。"

例 20： 语言翻译。

任务：将句子从汉语翻译成西班牙语。

种子词："您好"。

提示公式："请将以下句子翻译成西班牙语：您好。"

种子词提示是一种控制模型生成的文本，与某个主题或上下文相关的方法。这种技术允许模型生成与种子词相关的文本并对其进行扩展。种子词提示可以与角色提示和指令提示相结合，以创建更具体、更有针对性的文本。通过提供种子词或短语，模型可以生成与该种子词或短语相关的文本，并且通过提供关于期望的输出和角色的信息，模型可以生成与角色或指令一致的特定风格或语气的文本。这允许对生成的文本进行更多的控制，并且有更广泛的应用。

例 21： 文本生成。

任务：生成一首诗。

指令：诗要与种子词"爱"有关，要以十四行诗的风格来写。

角色：诗人。

提示公式："作为诗人，生成一首与种子词'爱'相关的十四行诗。"

例 22： 文本完成。

任务：完成一个句子。

指令：句子应与种子词"科学"有关，应以研究论文的风格撰写。

角色：研究员。

提示公式："以与种子词'科学'相关的方式和作为研究人员的研究论文风格完成以下句子：[插入句子]"。

例 23： 文本摘要。

任务：总结这篇新闻文章。

指令：摘要应与种子词"政治"相关，并应以中立和公正的语气书写。

角色：记者。

提示公式："作为一名记者，以中立和公正的语气总结以下与种子词'政治'有关的新闻文章：[插入新闻文章]"。

3.3.8 知识生成提示（knowledge generation prompt）

知识生成提示是一种用于从 ChatGPT 中获取新信息和原始信息的技术。这是一种使用模型里预先存在的知识，来生成新信息或问题回答的技术。

要在 ChatGPT 中使用这种提示技术，模型应提供问题或主题作为输入，以及指定生成文本的任务或目标的提示。提示应包括期望输出的信息，例如要生成的文本类型，以及其他特定要求或限制。

知识生成提示的提示公式是："请生成有关 X 的新的、准确的信息"，其中 X 是一个主题。

例 24：知识生成。

任务：生成有关特定主题的新信息。

指令：生成的信息应准确且与主题相关。

提示公式："生成有关 [特定主题] 的新的且准确的信息。"

例 25：问答。

任务：回答一个问题。

指令：答案应准确且与问题相关。

提示公式："回答以下问题：[插入句子]"。

例 26：知识整合。

任务：将新信息与现有知识相结合。

指令：整合应准确且与主题相关。

提示公式："将以下信息与关于 [特定专题] 的现有知识相结合：[插入新信息]"。

例 27：数据分析。

任务：从给定数据集生成有关客户行为的见解。

提示公式："请从此数据集生成有关客户行为的新信息和原始信息。"

3.3.9　知识整合提示（knowledge integration prompts）

知识整合提示使用模型里现有的知识，整合新信息或连接不同的信息。知识整合提示有助于将现有知识与新信息相结合，以更全面地了解特定主题。知识整合提示向模型提供新信息和现有知识作为输入，并指定生成文本的任务或目标。提示应包括所需输出的信息，例如要生成的文本类型，以及任何特定要求或限制。

例 28：知识整合。

任务：将新信息与现有知识相结合。

指令：整合应准确且与主题相关。

提示词公式："将以下信息与有关 [特定主题] 的现有知识相结合：[插入新信息]"。

例 29：连接信息片段。

任务：连接不同的信息。

指令：连接应该是相关和合乎逻辑的。

提示公式："以相关和合乎逻辑的方式连接以下信息：[插入信息 1] [插入信息 2]"。

例 30：更新现有知识。

任务：用新信息更新现有知识。

指令：更新后的信息应准确且相关。

提示公式："用以下信息更新关于 [特定主题] 的现有知识：[插入新信息]"。

3.3.10　多项选择提示（multiple choice prompts）

多项选择提示提供了一个模型，其中包含问题、任务以及一组预定义的选项作为潜在答案。这种技术适用于生成文本，该文本限制于一组特定选项，并可用于问答、文本完成和其他任务。该模型可以生成限于预定义选项的文本。

使用 ChatGPT 的多项选择提示，应该为模型提供一个问题或任务作为输入，以及一组预定义选项作为潜在答案。提示还应包含期望输出的信息，例如要生成的文本类型以及任何特定要求或约束。

例 31：问答题。

任务：回答一个多项选择问题。

说明：答案应该是预定义选项中的一个。

提示公式："通过选择以下选项来回答问题：[插入问题] [插入备选案文 1] [插入备选案文 2] [插入备选案文 3]"。

例 32：文本完成。

任务：使用预定义选项之一完成句子。

说明：完成的句子应该是预定义的选项之一。

提示公式："选择以下选项之一，完成下面的句子：[插入句子] [插入备选案文 1] [插入备选案文 2] [插入备选案文 3]"。

例 33：情感分析。

任务：将一段文本分类为积极、中性或消极。

说明：分类应该是预定义选项之一。

提示公式："通过选择以下选项之一，将下面的文本分类为正面、中性或负面：[插入文字] [正面] [中性] [负面]"。

3.3.11　可解释软提示（interpretable soft prompts）

可解释的软提示是一种技术，它可以在提供一定灵活性的同时控制模型生成的文本。输入的时候，向模型提供一组控制信息，并且添加期望输出内容的附加信息。这种技术允许更多可解释和可控制地生成文本。

例 34：文本生成。

任务：生成一个故事。

说明：故事应基于给定的角色和特定主题。

提示公式："根据以下角色：[插入角色] 和主题：[插入主题] 生成故事。"

例 35：文本完成。

任务：完成一个句子。

说明：完成的句子应该是某个特定作者的风格。

提示公式："以 [某作者] 的风格完成以下句子：[插入句子]"。

例 36：语言建模。

任务：以特定风格生成文本。

说明：文本应该是某个特定时期的风格。

提示公式："以 [特定时期] 的样式生成文本：[插入上下文]"。

3.3.12　受控生成提示（controlled generation prompts）

受控生成提示是一种技术，可以在输出文本时，对生成的文本进行高度控制。通过向模型提供一组特定的输入，例如模板、特定词汇或一组约束条件，来指导生成过程，受控生成提示使生成的文本更可控和可预测。

例 37：文本生成。

任务：生成一个故事。

说明：故事应该基于特定的模板。

提示公式："根据以下模板生成一个故事：[插入模板]"。

例 38：文本补全。

任务：补全一个句子。

说明：补全应使用特定词汇表。

提示公式："使用下面的词汇表完成以下句子：[插入词汇]：[插入句子]"。

例 39：语言模型。

任务：以特定风格生成文本。

说明：文本应该遵循一组特定的语法规则。

提示词参考："生成遵循以下语法规则的文本：[插入规则]：[插入上下文]"。

3.3.13　问答提示（question-answering prompts）

问答提示是一种技术，可以使模型生成回答特定问题或任务的文本。通过向模型提供一个问题或任务作为输入，以及可能与问题或任务相关的任何其他信息来实现的。

例 40：事实问答。

任务：回答一个事实性问题。

说明：答案应该是准确和相关的。

提示公式："回答以下事实性问题：[插入问题]"。

例 41：定义。

任务：提供一个词的定义。

说明：定义应该准确。

提示公式:"定义以下单词: [插入单词]"。

例 42: 信息检索。

任务: 从特定来源检索信息。

说明: 检索到的信息应该与主题相关。

提示公式:"从以下来源检索有关 [特定主题] 的信息: [插入来源]"。

3.3.14　摘要提示(summarization prompts)

摘要提示是一种技术,它允许模型在保留给定文本的主要思想和信息的同时,生成一个较短的版本。摘要提示通过将长文本作为输入提供给模型,并要求其生成该文本的摘要来实现的。摘要提示对于文本摘要和信息压缩等任务非常有用。

如何在 ChatGPT 中使用摘要提示?可以向模型提供一个较长的文本,并要求其生成该文本的摘要。提示还应包括关于所需输出的信息,例如摘要的长度和任何特定要求或限制。

例 43: 文章摘要。

任务: 总结新闻文章。

说明: 摘要应该是这篇文章要点的简要概述。

提示公式:"用一句简短的话概括以下新闻文章: [插入来源]"。

例 44: 会议记录。

任务: 总结会议记录。

说明: 摘要应突出会议的主要决定和行动。

提示公式:"通过列出主要决策和行动总结以下会议记录: [插入记录]"。

例 45: 图书摘要。

任务: 总结一本书。

说明: 摘要应该是书籍主要观点的简要概述。

提示公式:"用一个简短的段落概括下面的书: [插入书名]"。

3.3.15　对话提示(dialogue prompts)

对话提示是一种技术,可以使模型生成模拟两个或多个实体之间对话的文本。通过向模型提供一个上下文、一组角色或实体以及它们的背景,并要求模型在它们之间生成对话。因此,在使用对话提示时,应该为模型提供上下文、一组角色或实体,以及它们的角色和背景,还应向模型提供有关所需输出的信息,例如对话或对话的类型以及任何特定要求或限制。这种技术适用于对话生成、故事创作和聊天机器人开发等任务。

例 46: 对话生成。

任务: 生成两个角色之间的对话。

说明: 对话应该是自然的,并且与给定的上下文相关。

提示公式："在下面的 [插入上下文] 中，生成以下角色之间的对话 [插入角色]"。

例 47：故事创作。

任务：在故事中生成对话。

说明：对话应该与故事的角色和事件一致。

提示公式："在以下故事 [插入故事] 中，生成以下角色之间的对话 [插入角色]"。

例 48：聊天机器人开发。

任务：为客户服务聊天机器人生成对话。

说明：对话应该专业，提供准确的信息。

提示公式："当客户询问 [插入主题] 时，为客户服务聊天机器人生成专业且准确的对话"。

3.3.16　对抗性提示（adversarial prompts）

对抗性提示是一种技术，可以让模型生成的文本对某些类型的攻击或偏见具有抵抗力。这种技术可以用于训练更强大、更具抵抗力的模型。为了在 ChatGPT 中使用对抗性提示，我们需要为模型提供一个设计良好的提示，以使模型难以生成与所需输出一致的文本。提示应该包括有关所需输出的信息，例如要生成的文本类型和任何特定的要求或约束。

例 49：文本分类的对抗性提示。

任务：生成被分类为特定标签的文本。

说明：生成的文本应难以分类为特定标签。

提示公式："生成难以分类为 [插入标签] 的文本"。

例 50：情感分析的对抗性提示。

任务：生成难以被分类为特定情感的文本。

说明：生成的文本应难以分类为特定情感。

提示公式："生成难以被分类为具有 [插入情感] 情感的文本"。

例 51：语言翻译的对抗性提示。

任务：生成难以翻译的文本。

说明：生成的文本应难以翻译为目标语言。

提示公式："生成难以翻译为 [插入目标语言] 的文本"。

3.3.17　聚类提示（clustering prompts）

聚类提示是一种技术，它允许模型根据某些特征或特点将相似的数据点分组在一起，通过提供一组数据点，并要求模型根据某些特征或特点将它们分组成簇来实现。这种技术对于数据分析、机器学习和自然语言处理等任务非常有用。

在 ChatGPT 中使用聚类提示需要向模型提供一组数据点，并要求根据某些特征或特点将它们分组成簇，并且提示还应包括有关所需输出的信息，例如要生成的簇的数量和任何特定要求或约束。

例 52：客户评价的聚类。

任务：将相似的客户评价分组在一起。

说明：评价应基于情感进行分组。

提示公式："根据情感将以下客户评价分组成簇：[插入评价]"。

例 53：新闻文章的聚类。

任务：将相似的新闻文章分组在一起。

说明：文章应根据主题进行分组。

提示公式："将以下新闻文章根据主题分组成簇：[插入文章]"。

例 54：科学论文的聚类。

任务：将相似的科学论文分组在一起。

说明：论文应基于研究领域进行分组。

提示公式："根据研究领域将以下科学论文分组：[插入论文]"。

3.3.18 强化学习提示（reinforcement learning prompts）

强化学习提示是一种技术，可以让模型从其过去的行动中学习，并随着时间的推移改善其性能。为了在 ChatGPT 中使用强化学习提示，我们应该向模型提供一组输入和奖励，并允许其根据所接收的奖励调整其行为。同时，提示还应包括有关所需输出的信息，例如要完成的任务和任何特定要求或约束。强化学习提示对于决策制定、游戏和自然语言生成等任务非常有用。

例 55：文本生成的强化学习。

任务：生成符合特定风格的文本。

说明：模型应根据生成符合特定风格的文本所获得的奖励，调整其行为。

提示公式："使用强化学习生成符合以下风格的文本 [插入风格]"。

例 56：语言翻译的强化学习。

任务：将一种语言的文本翻译成另一种语言。

说明：模型应根据生成准确翻译所获得的奖励调整其行为。

提示公式："使用强化学习将以下文本 [插入文本] 从 [插入语言] 翻译为 [插入语言]"。

例 57：问题回答的强化学习。

任务：回答一个问题。

说明：模型应根据生成准确答案所获得的奖励调整其行为。

提示公式："使用强化学习回答以下问题 [插入问题]"。

3.3.19 课程学习提示（curriculum learning prompts）

课程学习提示是一种技术，可以让模型通过先训练简单的任务，然后逐渐增加难度来学习复杂的任务。要在 ChatGPT 中使用课程学习提示，应该向模型提供一系列逐渐增加难度的任务。同时，提示还应包括有关所需输出的信息，例如要完成的最终任务和任何特定要求或约束。课程学习提示对于自然语言处理、图像识别和机器学习等任务非常有用。

例 58：文本生成的课程学习。

任务：生成符合特定风格的文本。

说明：模型应在进入更复杂的风格之前，先在简单的风格上进行训练。

提示公式："使用课程学习生成符合以下风格的文本 [插入风格]，按以下顺序 [插入顺序]"。

例 59：语言翻译的课程学习。

任务：将一种语言的文本翻译成另一种语言。

说明：模型应在进入更复杂的语言之前先在简单的语言上进行训练。

提示公式："使用课程学习将以下语言的文本 [插入语言]，按以下顺序 [插入顺序] 翻译为以下语言 [插入语言]"。

例 60：回答问题的课程学习。

任务：回答一个问题。

说明：模型应在进入更复杂的问题之前，先在简单的问题上进行训练。

提示公式："使用课程学习回答以下问题 [插入问题]，按以下顺序 [插入顺序]"。

3.3.20 情绪分析提示（sentiment analysis prompts）

情感分析提示是一种技术，允许模型确定一段文本的情感色彩或态度，例如是否为积极、消极或中立。要使用 ChatGPT 的情绪分析提示，应向模型提供一段文本，并要求根据其情绪对其进行分类。提示还应包括有关所需输出的信息，例如要检测的情感类型（如积极、消极或中立）和任何特定的要求或限制。这种技术对于情感分析提示自然语言处理、客户服务和市场研究等任务非常有用。

例 61：客户评论的情绪分析。

任务：确定客户评论的情绪。

说明：模型应将评论分类为积极、消极或中立。

提示公式："对以下客户评论进行情感分析 [插入评论]，并将其分类为积极、消极或中立。"

例 62：推文的情绪分析。

任务：确定推文的情感色彩。

说明：模型应将推文分类为积极、消极或中立。

提示公式："对以下推文进行情感分析 [插入推文]，并将其分类为积极、消极或中立。"

3.3.21　命名实体识别提示（named entity recognition prompts）

命名实体识别是一种技术，它允许模型识别和分类文本中的命名实体，例如人物、组织、地点和日期。要使用 ChatGPT 的命名实体识别提示，我们应该向模型提供一段文本，并要求识别和分类文本中的命名实体。同时，提示还应包括有关所需输出的信息，例如要识别的命名实体类型（例如人物、组织、地点、日期）以及任何特定的要求或限制。

例 63：新闻文章中的命名实体识别。

任务：在新闻文章中识别和分类命名实体。

说明：模型应识别和分类人物、组织、地点和日期。

提示公式："对以下新闻文章进行命名实体识别 [插入文章]，并识别和分类人物、组织、地点和日期。"

例 64：法律文档中的命名实体识别。

任务：在法律文件中识别和分类命名实体。

说明：模型应识别和分类人物、组织、地点和日期。

提示公式："对以下法律文件进行命名实体识别 [插入文档]，并识别和分类人物、组织、地点和日期。"

例 65：研究论文中的命名实体识别。

任务：在研究论文中识别和分类命名实体。

说明：模型应识别和分类人物、组织、地点和日期。

提示公式："对以下研究论文进行命名实体识别 [插入论文]，并识别和分类人物、组织、地点和日期。"

3.3.22　文本分类提示（text classification prompts）

文本分类是一种技术，允许模型将文本归类为不同的类别。这种技术对于自然语言处理、文本分析和情感分析等任务非常有用。要使用 ChatGPT 的文本分类提示，我们应向模型提供一段文本，并要求根据预定义的类别或标签对其进行分类。同时，提示还应包括有关所需输出的信息，例如类别或标签的数量以及任何特定的要求或限制。

注意：文本分类与情感分析不同。情感分析专注于确定文本中表达的情感或情绪，可能包括确定文本是否表达了积极、消极或中立的情绪。情感分析通常用于客户评论、社交媒体帖子和其他文本形式，其中表达的情感很重要。而文本分类是对文本所属类别进行分类。

例 66：客户评论的文本分类。

任务：将客户评论归类为不同的类别，例如电子产品、服装和家具。

说明：模型应根据评论的内容对其进行分类。

提示公式："对以下客户评论进行文本分类 [插入评论]，并根据其内容将其归类为电子产品、服装和家具等不同类别。"

例 67：新闻文章的文本分类。

任务：将新闻文章归类为不同的类别，例如体育、政治和娱乐。

说明：模型应根据文章的内容对其进行分类。

提示公式："对以下新闻文章进行文本分类 [插入文章]，并根据其内容将其归类为体育、政治和娱乐等不同类别。"

例 68：电子邮件的文本分类。

任务：将电子邮件归类为不同的类别，例如垃圾邮件、重要邮件或紧急邮件。

说明：模型应根据邮件的内容和发送者对其进行分类。

提示公式："对以下电子邮件进行文本分类 [插入邮件]，并根据其内容和发送者将其归类为垃圾邮件、重要邮件或紧急邮件等不同类别。"

3.3.23　文本生成提示（text generation prompts）

文本生成提示是一种技术，用于生成相关的文本内容。文本生成提示与生成文本有关，但它们在生成文本的方式和对生成文本的具体要求或限制方面有所不同。在预训练模型或为特定任务训练新模型时，可以使用文本生成提示。

例 69：用于故事写作的文本生成。

任务：根据给定提示生成一个故事。

说明：故事应至少有 1000 个汉字，并包括一组特定的角色和情节。

提示公式："根据以下提示 [插入提示]，生成一个至少有 1000 个汉字，包括角色 [插入角色] 和情节 [插入情节] 的故事。"

例 70：用于语言翻译的文本生成。

任务：将给定的文本翻译成另一种语言。

说明：翻译应准确并符合习惯用语。

提示公式："将以下文本 [插入文本] 翻译成 [插入目标语言]，并确保它准确并符合习惯用语。"

3.4　实用技巧 》》》

3.4.1　增加限定条件

通过提问来使用 AI 产品是最常见的方法。以 ChatGPT 为例，一般就是用户提一个问题，ChatGPT 会产生一个答案，比如询问 ChatGPT 关于减肥的建议，如图 3.6 所示。

在实际使用中，我们可以不需要严格按照 23 种 prompts 的提示来提问，也可以获得相应的回答。如在图 3.6 中，我们只需要输入问题，ChatGPT 就能生成相应的答案。但需要注意，有时我们无论怎么优化 prompt，有些问题 ChatGPT 也没有办法给出准确的答案。

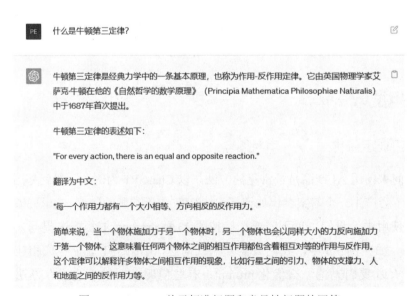

PE　给我关于减肥的建议

减肥是一个涉及饮食、运动和生活习惯等多个方面的综合性过程。以下是一些建议，帮助你在健康和可持续的方式下减肥：

1. **均衡饮食**：避免极端的饮食方式，选择均衡的膳食。增加新鲜蔬菜、水果、全谷物、瘦肉和健康脂肪的摄入。控制高糖、高脂和高盐食品的摄入。

2. **控制食物分量**：注意饮食的分量大小，避免暴饮暴食。可以采用小盘子和小碗来控制食物摄入量，以避免摄入过多的热量。

3. **多食多餐**：分几餐进食，保持饮食规律，有助于控制食欲，避免过度饥饿和暴饮暴食。

4. **远离高热量饮料**：避免饮用含糖饮料和酒精，这些饮料会提供大量的空热量，但不会给你带来饱腹感。

5. **适度运动**：增加日常身体活动，可以选择散步、慢跑、游泳、瑜伽或其他有氧运动。持续的运动可以帮助燃烧卡路里，加速代谢，同时有助于改善心血管健康和增强肌肉。

6. **力量训练**：在减肥过程中，力量训练同样重要。增加肌肉量可以提高基础代谢率，帮助你在休息状态下消耗更多的卡路里。

7. **避免快速减肥**：避免过度限制饮食和采用极端的减肥方法。快速减肥可能会导致营养不良和身体健康问题，并且很可能反弹。

8. **定期监测体重和进展**：每周定期测量体重，并记录你的进展。这样可以让你及时调整饮食和运动计划，了解哪些方法对你有效。

9. **建立健康的生活习惯**：保持规律的作息时间，充足的睡眠对于减肥和身体健康非常重要。减少压力，学会放松自己。

10. **寻求专业帮助**：如果你遇到困难或不确定如何开始减肥，寻求医生或营养师的建议是明智的选择。

记住，减肥是一个持续的过程，每个人的身体状况和需求都不同。关注健康和逐渐减重是最重要的目标。

↻ Regenerate response

图 3.6　ChatGPT 给出的减肥建议

ChatGPT 擅长回答基本事实的问题，比如问"什么是牛顿第三定律？万有引力公式怎么书写？"但不太擅长回答意见类的问题，比如问它"谁是世界第一足球运动员？是京剧好听还是歌剧好听？"ChatGPT 就难以回答了，见图 3.7。

PE　什么是牛顿第三定律？

牛顿第三定律是经典力学中的一条基本原理，也称为作用-反作用定律。它由英国物理学家艾萨克·牛顿在他的《自然哲学的数学原理》（Principia Mathematica Philosophiae Naturalis）中于1687年首次提出。

牛顿第三定律的表述如下：

"For every action, there is an equal and opposite reaction."

翻译为中文：

"每一个作用力都有一个大小相等、方向相反的反作用力。"

简单来说，当一个物体施加力于另一个物体时，另一个物体也会以同样大小的力反向施加力于第一个物体。这意味着任何两个物体之间的相互作用都包含着相互对等的作用与反作用。这个定律可以解释许多物体之间相互作用的现象，比如行星之间的引力、物体的支撑力、人和地面之间的反作用力等。

图 3.7　ChatGPT 关于标准问题和意见性问题的回答

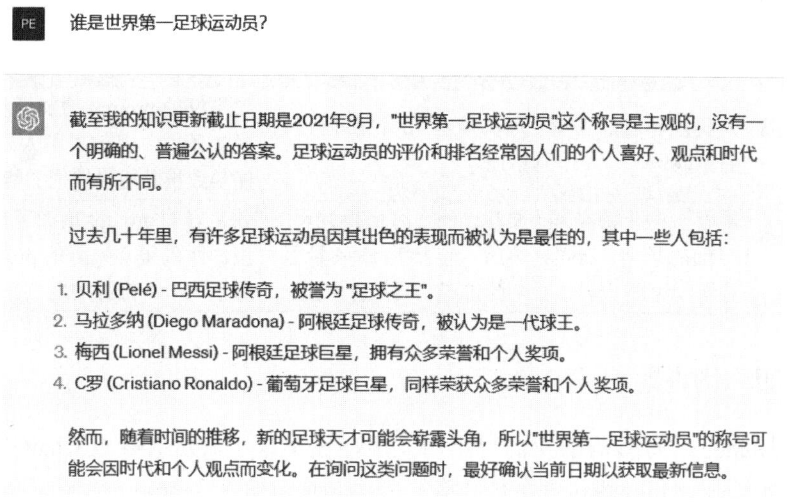

PE　谁是世界第一足球运动员?

截至我的知识更新截止日期是2021年9月，"世界第一足球运动员"这个称号是主观的，没有一个明确的、普遍公认的答案。足球运动员的评价和排名经常因人们的个人喜好、观点和时代而有所不同。

过去几十年里，有许多足球运动员因其出色的表现而被认为是最佳的，其中一些人包括:

1. 贝利 (Pelé) - 巴西足球传奇，被誉为"足球之王"。
2. 马拉多纳 (Diego Maradona) - 阿根廷足球传奇，被认为是一代球王。
3. 梅西 (Lionel Messi) - 阿根廷足球巨星，拥有众多荣誉和个人奖项。
4. C罗 (Cristiano Ronaldo) - 葡萄牙足球巨星，同样荣获众多荣誉和个人奖项。

然而，随着时间的推移，新的足球天才可能会崭露头角，所以"世界第一足球运动员"的称号可能会因时代和个人观点而变化。在询问这类问题时，最好确认当前日期以获取最新信息。

图 3.7 （续）

另外，由于 ChatGPT 3.5 版本的训练数据仅截止到 2021 年 9 月，如果你问这个时间以后的问题，比如"现在的美国总统是谁？"它的答案是"截至 2021 年 9 月，现任美国总统是乔·拜登（Joe Biden）。"见图 3.8。

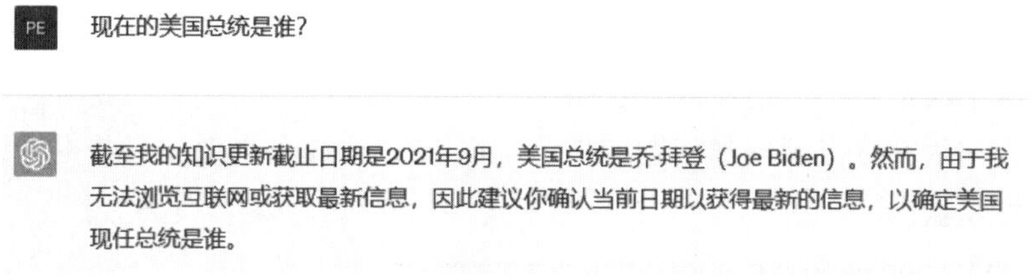

PE　现在的美国总统是谁?

截至我的知识更新截止日期是2021年9月，美国总统是乔·拜登（Joe Biden）。然而，由于我无法浏览互联网或获取最新信息，因此建议你确认当前日期以获得最新的信息，以确定美国现任总统是谁。

图 3.8　ChatGPT 回答问题

在问答场景里，为了让 ChatGPT 的答案更加准确，一般会在问题里加条件。比如让 ChatGPT 推荐一部电影给我。但这个提示（prompt）过于空泛，ChatGPT 无法直接回答，因此，它会问你想要什么类型的电影，这样我们就需要跟 ChatGPT 进行多轮聊天，效率低下。为了提高效率，一般会在提示里增加类似的话："不要询问我对什么感兴趣，或者问我的个人信息。"这样 ChatGPT 就会直接给出相关的电影推荐。

OpenAI 的 API 实践文档中提到了一个这样的一句话：

Instead of just saying what not to do, say what to do instead.

翻译为中文：与其告知模型不能干什么，不妨告诉模型能干什么。

因此，虽然现在最新的模型已经理解什么是"不能做的"，但如果想要更明确的答案，需要在 prompt 中加入更多限定词，告知模型"能干什么"，这样 ChatGPT 的回答效率会更高，且答案会更明确。以电影推荐为例，可以增加一些电影的限制词汇到 prompt 中：推荐一部战争题材且包含爱情的电影给我。

本文总结了效果不太好和效果好的两个提示（prompt）例子来演示增加限制条件带来的好处，见表 3.1。

表 3.1 效果不太好和效果好的两个提示比较

场 景	效果不太好	效果好	原 因
推荐雅思必背的英文单词	为我推荐雅思必背的单词。	为我推荐 10 个雅思必背单词。	效果好的 prompt 增加了推荐单词数的限制条件，而效果不太好的 prompt 可能导致推荐更多单词的情况。
推荐上海值得玩的地方	推荐一些上海值得游玩的场所，不推荐博物馆。	推荐一些上海值得游玩的场所，包括自然风景区、名胜古迹、网红打卡点。	效果好的 prompt 增加了推荐地点的类型，而效果不太好的 prompt 仅仅是排除了一个不推荐的地点。

3.4.2 增加示例说明

在某些场景下，有些需求我们很难用文字描述出来了，从而导致 ChatGPT 不能很好地理解。比如给宠物起一些包含命名风格的英文名时，输入的 prompt：

Suggest three names for a horse that is a superhero.

翻译为中文：给一匹超级英雄的马取三个名字。

ChatGPT 会输出三个名字：

Thunder Hooves, Captain Canter, Mighty Gallop

第一个名字翻译为中文是"雷电之蹄"，感觉还行。第二个名字翻译为中文是"上校坎特"，有点英雄的感觉。第三个名字翻译为中文是"强大的疾驰"，感觉速度有点快。这三个名字似乎还是配不上超级英雄的称号。

当我们无法用文字准确解释问题或指示，可以在 prompt 里增加一些更为详细的说明，例如，我们可以输入：

Suggest three names for an animal that is a superhero.

Animal: Cat

Names: Captain Sharpclaw, Agent Fluffball, The Incredible Feline

Animal: Dog

Names: Ruff the Protector, Wonder Canine, Sir Barks-a-Lot

Animal: Horse

Names:

增加示例说明后，ChatGPT 会依据示例中动物的名字，生成马的三个名字，因此这种通过示例学习命名的方式会产生更加准确的结果。为了评价增加说明后 ChatGPT 的输出效果，我们构造了表 3.2。

表 3.2 增加说明和不增加说明的两个提示对比

场 景	效果不太好	效果好	原 因
产品命名	产品描述：一双适应任何大小脚的鞋 种子词：自适应、适合、全方位适合 产品名称：	产品描述：一个家庭奶昔机 种子词：快速、健康、小巧 产品名称：家用搅拌器、自适应搅拌机、快速搅拌机、搅拌者 产品描述：一双适应任何大小脚的鞋 产品名称：	效果好的 prompt 通过一个实际的例子，告诉 ChatGPT 应该如何对产品进行命名

续表

场　　景	效果不太好	效果好	原　　因
将电影名称转换为表情符	将星球大战转换为表情符	转换电影名称为表情符。 回到未来：👴👵🚗🕐 蝙蝠侠：🦸🦇 变形金刚：🚗👹 星球大战：	效果好的 prompt通过多个例子来让ChatGPT 产生星球大战的表情符

有时，即使我们为 ChatGPT 给出了相应的案例，ChatGPT 也不一定会返回令人满意的答案，此时需要用到其他的一些技巧。

3.4.3　推理应用

ChatGPT 依据具备了一下推理能力，能够解决一些推理性的问题。例如，我们将美国工商管理硕士入学考试的一道数学题输入 ChatGPT 中：

如果一个房地产经纪人的佣金是某栋房子售价的 6%，那么这栋房子的售价是多少？

（1）售价减去房地产经纪人的佣金为 84 600 美元。

（2）购买价是 36 000 美元，售价是购买价的 250%。

（A）仅陈述（1）足以回答问题，但仅陈述（2）不能回答问题。

（B）仅陈述（2）足以回答问题，但仅陈述（1）不能回答问题。

（C）两个陈述合起来足以回答问题，但没有一个陈述单独足以回答问题。

（D）每个陈述单独足以回答问题。

（E）陈述（1）和（2）合起来不能回答问题。

ChatGPT 会根据题目的要求去推理和运算：

假设房子的售价为 S。

根据所给信息，房地产经纪人的佣金是 S 的 6%，即 $0.06S$。

因此，在支付佣金后卖方收到的金额为（$S-0.06S$）= $0.94S$。

陈述（1）告诉我们，$0.94S = 84\,600$（美元）。解出 S，我们得到 $S = 90\,000$（美元）。

因此，陈述（1）单独足以确定房子的售价。

陈述（2）告诉我们，售价是原始购买价的 250%，这意味着 $S = 2.5 \times 36\,000 = 90\,000$（美元）。

因此，陈述（2）单独也足以确定房子的售价。

由于两个陈述分别提供相同的答案，我们可以得出结论，它们共同足以确定房子的售价。

因此，答案是（D），每个陈述单独足以回答问题。

3.4.4　代码生成

ChatGPT 的一个常见应用是依据用户的需求，生成特定的代码。在本节中，我们让 ChatGPT 生成一个 SQL 语句，其中 prompt 的内容如下：

Create a MySQL query for all students in the Computer Science Department:

Table departments, columns = [DepartmentId, DepartmentName]

Table students, columns = [DepartmentId, StudentId, StudentName]

ChatGPT 的输出如下：

```
SELECT students.*
FROM students
INNER JOIN departmentsON students.DepartmentId = departments.DepartmentId
       WHERE departments.DepartmentName = 'Computer Science';
```

由这个例子可知，ChatGPT 能够在理解我们提问内容的基础上，构造相应的 SQL 语句，实现学生信息的检索。

3.4.5 引导词的使用

在代码生成场景里，可以在 prompt 中增加引导词，从而告诉 ChatGPT 生成的内容是什么。比如，我们可以明确告诉 ChatGPT 生成 Java、C、C++ 或者 Python 代码。对于 3.4.4 节中生成 SQL 语句而言，我们也可以通过增加引导词 Select，提示 ChatGPT 可以书写 SQL 语句了，即 prompt 的内容：

Create a MySQL query for all students in the Computer Science Department:

Table departments, columns = [DepartmentId, DepartmentName]

Table students, columns = [DepartmentId, StudentId, StudentName]

SELECT

同样的道理，如果想让 ChatGPT 生成 Python 代码，那么增加引导词 import 会是比较好的选择。在吴恩达的 ChatGPT Prompt Engineering 课程中，也提到使用引导词，只不过引导词并不是放在最后，而是在 prompt 里面。例如，让 ChatGPT 生成一个 JSON 格式的内容，其 prompt 内容如下：

prompt = f"""

Generate a list of three made-up book titles along \

with their authors and genres.

Provide them in JSON format with the following keys:

book_id, title, author, genre.

"""

在上述 prompt 中，已经明确要求 ChatGPT 按照 JSON 格式输出相关内容。

3.4.6 翻译、润色与改写

除了无中生有的产生内容外，我们还可以先给 ChatGPT 一段已经写好的内容，然后让它对其进行翻译、润色和改写。例如，我们可以在 ChatGPT 中输入以下内容：

翻译英文：中华民族是一个有着悠久历史的伟大民族。

翻译：将如下 Python 代码翻译成 Haskell 代码：[Python 代码]。

修改：修改下面文章的内容，需要甄别内容里的错别字：[文章内容]。

润色：润色以下英文段落，使其符合学术论文的格式：[英文段落]。

本节用一段来自维基百科的内容让 ChatGPT 进行改写，输入的 Prompt 如下。

Please rewrite the following sentences to make them easier to understand.

OpenAI is an American artificial intelligence (AI) research laboratory consisting of the non-profit OpenAI Incorporated (OpenAI Inc.) and its for-profit subsidiary corporation OpenAI Limited Partnership (OpenAI LP). OpenAI conducts AI research with the declared intention of promoting and developing a friendly AI. OpenAI systems run on the fifth most powerful supercomputer in the world.[5][6][7] The organization was founded in San Francisco in 2015 by Sam Altman, Reid Hoffman, Jessica Livingston, Elon Musk, Ilya Sutskever, Peter Thiel and others,[8][1][9] who collectively pledged US$1 billion. Musk resigned from the board in 2018 but remained a donor. Microsoft provided OpenAI LP with a $1 billion investment in 2019 and a second multi-year investment in January 2023, reported to be $10 billion.[10]

ChatGPT 输出的内容如下：

OpenAI is a research organization that focuses on artificial intelligence (AI). It has two parts: a non-profit called OpenAI Incorporated and a for-profit subsidiary called OpenAI Limited Partnership. The organization's goal is to create AI that is friendly and beneficial to humans. OpenAI uses one of the most powerful supercomputers in the world for its research. The organization was founded in San Francisco in 2015 by a group of people who pledged a total of $1 billion, including Sam Altman, Reid Hoffman, Jessica Livingston, Elon Musk, Ilya Sutskever, and Peter Thiel. Musk resigned from the board in 2018 but still supports the organization financially. In 2019, Microsoft invested $1 billion in OpenAI LP, and in January 2023, they made a second investment reported to be $10 billion.

对比维基百科中的 OpenAI 介绍，改写后的 OpenAI 介绍去除了类似 [5][6][7] 这种参考文献内容，因此更容易让人读懂和理解。

3.4.7　增加角色或人物

在某些应用场景中，需要在 prompt 中增加一个特定的角色，从而让 ChatGPT 能够依据角色的特性生成相应的内容。比如，对 3.4.5 节中改写 OpenAI 介绍而言，如果在例子前加上一段话，假设自己是一个小学老师，并且很擅长将复杂的内容转变成 7 ～ 8 岁小朋友也能听懂的话，然后再改写这段话，则增加的 prompt 如下：

You are a primary school teacher who can explain complex content to a level that a 7 or 8 year old child can understand. Please rewrite the following sentences to make them easier to understand:

OpenAI 会输出如下的内容：

OpenAI is a place where people work on making computers really smart. It's like a lab where they do research to make computers do amazing things! They want the computers to be really friendly and helpful to people. They use one of the most powerful computers in the world to do this research. A bunch of really rich and smart people gave money to start this lab. One of them is Elon Musk, but he left in 2018. Another really big company, Microsoft, gave them a lot of money too.

由 ChatGPT 的输出内容可见，无论是用词，还是语法，都更容易让一位 7 ～ 8 岁的小朋友看懂。此外，除了增加角色外，还能让 ChatGPT 模拟某个人，比如让 ChatGPT 以李清照的口吻写一首关于离别的词，则输入的 Prompt 内容如下：

以李清照的口吻写一首关于离别的词。

ChatGPT 输出的内容如图 3.9 所示。

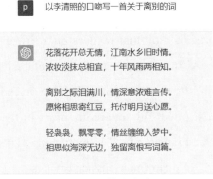

图 3.9　ChatGPT 模仿李清照写词

通过指定模仿的人物，可以让 ChatGPT 生成符合相关人物特征的内容，从而实现个性化的内容输出。

3.4.8　信息解释

有时我们遇到一些自己不太懂的内容，这个时候就可以运用 ChatGPT 的信息解释功能。与改写内容有点类似，但又不太一样，信息解释有可能提供超过原文内容的信息。

举几个信息解释的例子，让大家理解什么是信息解释。

（1）解释代码：比如对于一段看不懂的 Python 代码，可以让 ChatGPT 解释下代码的含义。

（2）解释论文：对于某篇看不懂的论文，或者论文里的某一段看不懂，可以让 ChatGPT 进行解释。

例如，我们可以让 ChatGPT 来解释一段 Python 代码，需要书写的 prompt 如下：

```
Explanation of what the code does:
Python 3
def remove_common_prefix(x, prefix, ws_prefix):
    x["completion"] = x["completion"].str[len(prefix) :]
    if ws_prefix:
    # keep the single whitespace as prefix
    x["completion"] = " " + x["completion"]
    return x
```

ChatGPT 会阐述这段 Python 代码的作用，同时还会介绍各个参数的含义，其回复内容如下：

This is a Python function called remove_common_prefix that takes in three parameters: x, prefix, and ws_prefix.

The x parameter is assumed to be a Pandas DataFrame or Series object with a column named "completion", which contains strings that may or may not start with the prefix string.

The prefix parameter is a string that represents the common prefix that needs to be removed from the beginning of each string in the "completion" column of the DataFrame.

The ws_prefix parameter is a Boolean value that indicates whether or not to keep a single whitespace character as a prefix after the common prefix has been removed.

The function modifies the "completion" column of the DataFrame by removing the prefix string from the beginning of each string in that column using the Pandas str method and string slicing. The len(prefix) : syntax is used to slice the string starting from the character that follows the prefix.

If ws_prefix is True, then the function adds a single whitespace character as a prefix to each string in the "completion" column after removing the prefix.

Finally, the modified DataFrame is returned by the function.

3.4.9　信息总结

信息总结是 ChatGPT 的内容生成的一个具体应用，它能将复杂的内容转为简单的内容。在实际应用中，我们常常需要做：信息总结、信息解释和信息提取，其中信息总结就是对一堆信息进行总结，其实现方式也相对简单，只需要在 prompt 中加入总结（summarize）即可。

例如，我们在 ChatGPT 中输入几段关于孩子上网玩游戏的内容，同时让 ChatGPT 进行总结，ChatGPT 会从段落中挖掘出最关键的语句进行信息总结，见图 3.10。由于 ChatGPT 给出的总结并不完美，使用了三句话，而不是要求的一句话，为此，我们可以追加一句话，让 ChatGPT 只输出一句话，见图 3.11。

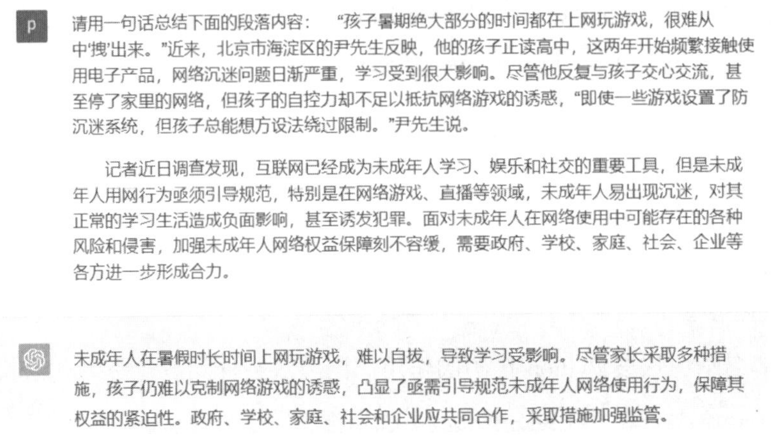

p 请用一句话总结下面的段落内容： "孩子暑期绝大部分的时间都在上网玩游戏，很难从中'拽'出来。"近来，北京市海淀区的尹先生反映，他的孩子正读高中，这两年开始频繁接触使用电子产品，网络沉迷问题日渐严重，学习受到很大影响。尽管他反复与孩子交心交流，甚至停了家里的网络，但孩子的自控力却不足以抵抗网络游戏的诱惑，"即使一些游戏设置了防沉迷系统，但孩子总能想方设法绕过限制。"尹先生说。

　　记者近日调查发现，互联网已经成为未成年人学习、娱乐和社交的重要工具，但是未成年人用网行为亟须引导规范，特别是在网络游戏、直播等领域，未成年人易出现沉迷，对其正常的学习生活造成负面影响，甚至诱发犯罪。面对未成年人在网络使用中可能存在的各种风险和侵害，加强未成年人网络权益保障刻不容缓，需要政府、学校、家庭、社会、企业等各方进一步形成合力。

未成年人在暑假时长时间上网玩游戏，难以自拔，导致学习受影响。尽管家长采取多种措施，孩子仍难以克制网络游戏的诱惑，凸显了亟需引导规范未成年人网络使用行为，保障其权益的紧迫性。政府、学校、家庭、社会和企业应共同合作，采取措施加强监管。

图 3.10　利用 ChatGPT 实现信息总结

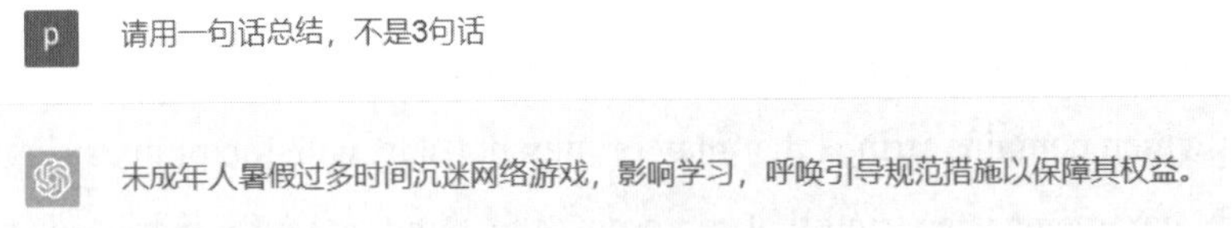

p 请用一句话总结，不是3句话

未成年人暑假过多时间沉迷网络游戏，影响学习，呼唤引导规范措施以保障其权益。

图 3.11　ChatGPT 更新了信息总结内容

3.4.10　特殊符号的使用

　　不管是信息总结，还是信息提取，有时我们都会输入大段文字，甚至多段文字，此时可以用 """ 将指令和文本分开，从而提升 ChatGPT 反馈的准确性。注意：这个技巧来自于 OpenAI 的 API 最佳实践文档。

　　依据我们的实践经验，需要将指令和相关内容进行分隔，这样有助于 ChatGPT 知道什么是指令，什么是待处理的内容。而实践应用中，我们可以采用冒号（：）、三个引号（"""）、中括号（[]）作为指令和内容的分隔符，效果是类似的。

　　例如，我们让 ChatGPT 总结一下 OpenAI 介绍，因此输入的 prompt 内容如下：

Please summarize the following sentences to make them easier to understand.

Text: """

OpenAI is an American artificial intelligence (AI) research laboratory consisting of the non-profit OpenAI Incorporated (OpenAI Inc.) and its for-profit subsidiary corporation OpenAI Limited Partnership (OpenAI LP). OpenAI conducts AI research with the declared intention of promoting and developing a friendly AI. OpenAI systems run on the fifth most powerful supercomputer in the world.[5][6][7] The organization was founded in San Francisco in 2015 by Sam Altman, Reid Hoffman, Jessica Livingston, Elon Musk, Ilya Sutskever, Peter Thiel and others,[8][1][9] who collectively pledged US\$1 billion. Musk resigned from the board in 2018 but remained a donor. Microsoft provided OpenAI LP with a \$1 billion investment in 2019 and a second multi-year investment in January 2023, reported to be $10 billion.[10]

"""

3.4.11　信息提取

信息提取是一种非常有意思的数据挖掘方式，ChatGPT 通过对数据的分析，提取出满足我们需要的内容。比如，可以对网页内容进行分析，将其内容转换为相关的表格。

例如，我们将北京所有旅游景点的信息输入 ChatGPT 中，然后让 ChatGPT 找出 5 个票价最低的旅游景点，再以表格形式展示，见图 3.12。随后，ChatGPT 会按照我们的要求输出一种表格，同时还会给出一些票价会随季节、优惠活动或其他因素而改变的建议，见图 3.13。

P　请从下列旅游景点中抽取票价最便宜的5个地点，用表格显示，表格的第一列显示地点，第二列显示票价。旅游地点"""无论是和家人还是孩子去北京旅行，这里给大家推荐了40个北京旅游景点的门票价格供大家参考：

故宫博物院：门票60元/人
颐和园：门票30元/人（11月至3月），门票40元/人（4月至10月）
恭王府：门票40元/人
北京环球影城：淡季：418元，平季：528元，旺季：638元
北京动物园：门票15元/人
北京科技馆：门票30元/人
中国科学技术馆：门票免费
北京水立方：门票50元/人
北京奥林匹克公园：门票免费（但部分场馆需要购票）
北京天文馆：门票25元/人
北京自然博物馆：门票20元/人
北京天坛公园：门票30元/人
北京鸟巢：门票50元/人
北京海洋馆：门票165元/人
北京植物园：门票5元/人
北京军事博物馆：门票免费
鼓楼大观：门票15元/人
南锣鼓巷：免费（美食街）
古北水镇：门票140元/人
北京中华世纪坛：门票30元/人
中国航空博物馆：门票50元/人
北京西山国家森林公园：门票10元/人
北京天文台：门票10元/人　　Regenerate
天安门广场：免费

图 3.12　让 ChatGPT 分析北京旅游景点的信息

以下是五个票价最便宜的旅游景点，以及它们的门票价格：

旅游地点	门票价格
南锣鼓巷	免费
天安门广场	免费
北京天文台	10元/人
北京自然文化博物馆	免费
北京首都博物馆	免费

请注意，这些价格可能会因季节、优惠活动或其他因素而有所变化。在计划旅行时，建议您随时查看官方网站或其他可靠渠道获取最新的门票信息和价格。

图 3.13　ChatGPT 抽取的旅游景点信息

注意：虽然 ChatGPT 能够抽取和分析网页内容，但是，目前版本的 ChatGPT 并不能智能连接数据库，再搜索数据库中的信息。例如，我们让 ChatGPT 访问 12306 网站，查询一下上海到北京的火车票信息，ChatGPT 会显示无法完成这项任务，见图 3.14。因此，

若我们需要分析一些数据，或者是从海量信息中抽取数据时，最好的办法是将这些数据输入 ChatGPT 中，再让它进行数据分析或信息抽取。

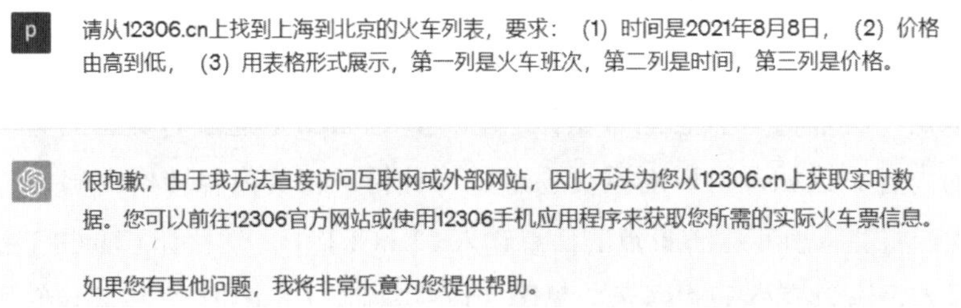

请从12306.cn上找到上海到北京的火车列表，要求：（1）时间是2021年8月8日，（2）价格由高到低，（3）用表格形式展示，第一列是火车班次，第二列是时间，第三列是价格。

很抱歉，由于我无法直接访问互联网或外部网站，因此无法为您从12306.cn上获取实时数据。您可以前往12306官方网站或使用12306手机应用程序来获取您所需的实际火车票信息。

如果您有其他问题，我将非常乐意为您提供帮助。

图 3.14　ChatGPT 无法读取 12306 网站信息

3.4.12　格式词的使用

如果想让 ChatGPT 总结一篇非常长的文章，可以制定格式，让 ChatGPT 按照格式的内容进行总结。本节以 2018 年时任阿里巴巴集团董事局主席马云先生的演讲内容为例子，演示格式词的应用方法。首先，我们在 ChatGPT 中输入 prompt：

总结下面演讲的要点，按照下面的格式：

主题 1:< 主题名称 1>

——< 观点 1 >

……

主题 2:< 主题名称 1>

——< 观点 1 >

……

在上述的 prompt 中，主题 1:< 主题名称 1> 和 < 观点 1 > 就是我们给定的格式词。随后，我们采用特殊符号 """ 来添加演讲的内容：

演讲内容 """

马云第二十届科协大会发言：企业家和科学家必须完美结合

一、

首先欢迎大家来到杭州，我的家乡。1999 年第一届科协年会在杭州召开，阿里巴巴也是 1999 年在杭州诞生，感恩，也特别感慨科技力量发展的迅猛，没有科技、没有技术就不可能有阿里巴巴。

我自己也这么觉得，阿里巴巴充分享受了科技发展红利。今天大会邀请一个在科技边缘享受红利，同时对科学家充满敬仰的一个做企业的人来讲，我对大会的邀请充满着感恩。

二、

小时候我从来没有想过当老师，是因为不想当，没有想过当科学家，是因为不敢当科学家，想都不敢去想。

……"""

最终，ChatGPT 会按照格式词的样式，汇总输出马云的演讲观点，见图 3.15。

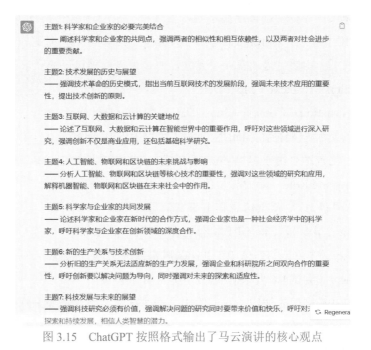

主题1: 科学家和企业家的必要完美结合
—— 阐述科学家和企业家的共同点，强调两者的相似性和相互依赖性，以及两者对社会进步的重要贡献。

主题2: 技术发展的历史与展望
—— 强调技术革命的历史模式，指出当前互联网技术的发展阶段，强调未来技术应用的重要性，提出技术创新的原则。

主题3: 互联网、大数据和云计算的关键地位
—— 论述了互联网、大数据和云计算在智能世界中的重要作用，呼吁对这些领域进行深入研究，强调创新不仅是商业应用，还包括基础科学研究。

主题4: 人工智能、物联网和区块链的未来挑战与影响
—— 分析人工智能、物联网及区块链等核心技术的重要性，强调对这些领域的研究和应用，解释机器智能、物联网和区块链在未来社会中的作用。

主题5: 科学家与企业家的共同发展
—— 论述科学家和企业家在新时代的合作方式，强调企业家也是一种社会经济学中的科学家，呼吁科学家与企业家在创新领域的深度合作。

主题6: 新的生产关系与技术创新
—— 分析旧的生产关系无法适应新的生产力发展，强调企业和科研院所之间双向合作的重要性，呼吁创新要以解决问题为导向，同时强调对未来的探索和适应性。

主题7: 科技发展与未来的展望
—— 强调科技研究必须有价值，强调解决问题的研究同时要带来价值和快乐，呼吁对探索和持续发展，相信人类智慧的潜力。

图 3.15　ChatGPT 按照格式输出了马云演讲的核心观点

在实践中，我们发现 ChatGPT 的输出是不稳定的，因此，我们可以设置格式，让 ChatGPT 按照格式输出，比如 JSON/Markdown 等。例如，我们可以输入如下的 prompt：

问题：美国的债券期限是多长时间？

请参照 JSON 格式进行输出：

```
{{
    "duration": $duration_numeric_value_in_year,
    "confidence_level": $answer_confidence_level_high_moderate_or_low,
}}
```
回答：
```
{
"duration": "美国债券的期限通常在几个月到30年之间不等。",
"confidence_level": "高"
}
```

可见，ChatGPT 会依据所给的 JSON 格式输出相应的内容。

3.5　高级技巧 »»»

3.5.1　提示框架

2023 年, Elavis Saravia 提出了一个 prompt 的使用 ICIO 框架，该框架包含以下几个元素：
- Instruction（必须）：指令，即希望模型执行的具体任务。
- Context（选填）：背景信息或上下文信息，能够引导模型做出更好的反应。

- Input Data（选填）：输入数据，告知模型需要处理的数据。

- Output Indicator（选填）：输出指示器，告知模型需要输出的类型和格式。

通常按照 ICIO 框架书写 prompt，模型返回结果的质量一般都比较高。当然，在写 prompt 的时候，并不一定要包含所有 4 个元素，而是可以根据自己的需求排列组合。比如，

推理：Instruction + Context + Input Data

信息提取：Instruction + Context + Input Data + Output Indicator

另一个常用的提示框架是由 Matt Nigh 提出的 CRISPE 框架，这个框架更加复杂，但完备性会比较高，比较适合用于编写 prompt 模板。CRISPE 框架包含以下部分：

- CR：Capacity and Role（能力与角色），ChatGPT 扮演的角色。

- I：Insight（洞察力），背景信息和上下文信息。

- S：Statement（指令），ChatGPT 执行的命令。

- P：Personality（个性），ChatGPT 以什么风格或方式回答问题。

- E：Experiment（尝试），要求 ChatGPT 提供多个答案。

为了演示 CRISPE 框架的使用，我们给出了一个简单的例子，见表 3.3。

表 3.3　CRISPE 框架的演示实例

CRISPE 框架步骤	实　　例
能力与角色	将你想象成一位机器学习框架方面的专家且是一位专业博客作者。
洞察力	博客的读者热爱机器学习前沿技术的人。
指令	提供最流行的机器学习框架概述，包括他们的优缺点，提供一些现实生活中应用这些框架的例子，并说明这些框架是如何在各行各业中得到应用。
个性	请按照 Andrej Karpathy, Francois Chollet, Jeremy Howard 和 Yann LeCun 的写作风格进行输出。
实验	多给我一些不同的例子。

当我们按照 ICIO 框架和 CRISPE 框架书写 prompt 时，ChatGPT 会产生更加准确且更加有效的输出结果，这比我们随便书写 prompt 时 ChatGPT 输出的结果要好得多。

3.5.2　零样本提示

零样本提示（zero-shot prompting）是一种自然语言处理技术，可以让计算机模型根据提示或指令进行任务处理。我们在使用 ChatGPT 时常用到这个技术。

传统的自然语言处理技术通常需要在大量标注数据上进行有监督的训练，以便模型可以对特定任务或领域进行准确的预测或生成输出。相比之下，零样本提示的方法更为灵活和通用，因为它不需要针对每个新任务或领域都进行专门的训练。相反，它通过使用预先训练的语言模型和一些示例或提示，来帮助 ChatGPT 进行推理和生成输出。

例如，我们可以给 ChatGPT 一个简短的 prompt，比概括某部电影的故事情节，生成一个关于该情节的摘要。但我们并不需要让 ChatGPT 专门进行电影方面的训练。

零样本提示也存在一些缺点：

（1）零样本提示依赖于预训练的语言模型，这些模型可能会受到训练数据集的限制和偏见。比如在使用 ChatGPT 的时候，它常常会在一些投资领域，使用男性的"他"，而不是女性的"她"。这是由于训练 ChatGPT 的数据往往只包含了男性进行金融投资领域的工作。

（2）零样本提示不需要为每个任务训练单独的模型，但为了获得最佳性能，它需要用大量的样本数据进行微调。因此，ChatGPT3.5 版本中的样本数量超过了千亿。

（3）由于零样本提示的灵活性和通用性，它的输出有时可能不准确或不符合预期。这可能需要对模型进行进一步的微调或添加更多的提示内容。

为了解决零样本提示中输出可能不准确的缺点，研究人员提出了零样本思维链（zero-shot chain of thought）的技巧。该技巧使用起来非常简单，只需要在问题的结尾里放一句"Let's think step by step（让我们一步步地思考）"，模型输出的答案会更准确一些。这个技巧最早由 Kojima 等人在 2022 年的论文"Large Language Models are Zero-Shot Reasoners"中提出。当 Kojima 等人向模型提一个逻辑推理问题时，模型返回了一个错误的答案，但如果在问题最后加入"Let's think step by step"这句话之后，模型就生成了正确的答案。

为什么加入"Let's think step by step"后模型生成结果就正确了呢？Kojima 等人给出了如下解释：

（1）对于 ChatGPT 这类的产品，其本质还是一个统计语言模型，是基于过去的所有数据，用统计学意义上的预测结果进行下一步的输出，这也就是为什么 ChatGPT 输出答案是一个字一个字地写出来，而不是直接给你的原因，因为答案是依据统计后的概率一个字一个字算出来的。

（2）当 ChatGPT 拿到的数据里有逻辑，它就会通过统计学的方法将这些逻辑找出来，并将这些逻辑呈现给你，让你感觉到它的回答很符合逻辑。

（3）在计算的过程中，模型会进行很多假设运算。比如 ChatGPT 假设解决某个问题需要从步骤 A 到步骤 B 再到步骤 C。

（4）ChatGPT 第一次输出错误答案的原因是它在中间跳过了一些步骤 B。让 ChatGPT 一步步地思考，则有助于其按照完整的逻辑链（A 到 B，再到 C）去运算，而不会跳过某些假设，最后产生正确的答案。

按照 Kojima 等人的解释，零样本思维链涉及了两个补全操作，如图 3.16 所示，左侧表示基于提示 1（1st prompt）输出的第一次的结果，右侧表示其收到了第一次结果后，将提示 2（2nd prompt）一起拿去运算，最后得出了正确的答案：

零样本思维链技巧除了能用于解决复杂问题外，还适合生成一些连贯主题的内容，比如写长篇文章、电影剧本等。但需要注意其缺点，连贯不代表它就一定不会出错，如果其中某一步骤算错了，则由于逻辑链的原因，这个错误会被积累，从而导致生成的文本可能出现与预期不符的内容。另外，Wei 等人的研究表明，零样本思维链技巧仅在大于等于 100B 参数的模型中使用才会有效，而当模型中的参数达不到 100B 时，即是小样本模型时，这个方法是不会生效的。

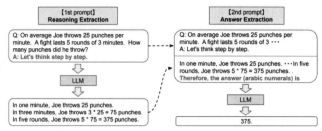

图 3.16　零样本思维链涉及的两个补全操作

基于上述的讨论，我们认为需要在 prompt 中加入下面这句话：

Let's work this out in a step by step way to be sure we have the right answer.

翻译为中文：让我们一步一步来确定我们得到了正确的答案。

在吴恩达的 ChatGPT 提示工程（ChatGPT Prompt Engineering）课程中，提到了一个关于零样本思维链技巧的另一种用法，不仅能让 ChatGPT 按步骤行事，还会告知 ChatGPT 每一步要做什么。例如，下面的这个案例：

prompt_2 = f"""

Your task is to perform the following actions:

1 - Summarize the following text delimited by<> with 1 sentence.

2 - Translate the summary into French.

3 - List each name in the French summary.

4 - Output a json object that contains thefollowing keys: french_summary, num_names.

Use the following format:

Text: <text to summarize>

Summary: <summary>

Translation: <summary translation>

Names: <list of names in Italian summary>

Output JSON: <json with summary and num_names>

Text: <{text}>

"""

上述 prompt 是要求 ChatGPT 按照 1 ～ 4 步的要求运行，然后再让它根据特定格式输出内容。

最后 ChatGPT 输出以下的内容：

Summary: Jack and Jill go on a quest to fetch water, but misfortune strikes and they tumble down the hill, returning home slightly battered but with their adventurous spirits undimmed.

Translation: Jack et Jill partent en quête d'eau, mais la malchance frappe et ils dégringolent la colline, rentrant chez eux légèrement meurtris mais avec leurs esprits aventureux intacts.

Names: Jack, Jill

Output JSON: {"french_summary": "Jack et Jill partent en quête d'eau, mais la malchance frappe et ils dégringolent la colline, rentrant chez eux légèrement meurtris mais avec leurs esprits aventureux intacts.", "num_names": 2}

这个案例是将任务进行拆解，从而让 ChatGPT 生成的结果更加符合要求，同时也能提升 ChatGPT 的回答准确性。这里，我们通过一个例子演示 ChatGPT 生成错误答案，再通过零样本思维链技巧让 ChatGPT 更正答案。首先我们向 ChatGPT 输入如下 prompt：

Determine if the student's solution is correct or not.

Question:

I'm building a solar power installation and I need help working out the financials.

Land costs $100 / square foot

I can buy solar panels for $250 / square foot

I negotiated a contract for maintenance that will cost me a flat $100k per year, and an additional $10 / square foot.

What is the total cost for the first year of operationsas a function of the number of square feet.

Student's Solution:

Let x be the size of the installation in square feet.

Costs:

Land cost: 100x

Solar panel cost: 250x

Maintenance cost: 100,000 + 100x

Total cost: 100x + 250x + 100,000 + 100x = 450x + 100,000

ChatGPT 的回答是 "The student's solution for calculating the total cost for the first year of operations seems to be mostly correct."，见图 3.17。

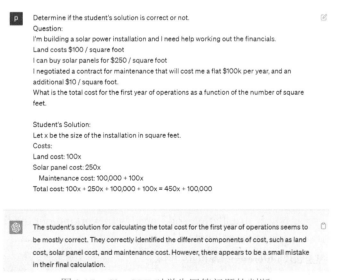

图 3.17　ChatGPT 对学生回答问题的判断

然而，学生的答案是错误的，正确答案应该是 360x + 100,000。为此，我们修改了 prompt：

prompt = f"""

Your task is to determine if the student's solution is correct or not.

To solve the problem do the following:

- First, work out your own solution to the problem.

- Then compare your solution to the student's solution and evaluate if the student's solution is correct or not.

Don't decide if the student's solution is correct untilyou have done the problem yourself.

Use the following format:

Question:

###

question here

###

Student's solution:

###

student's solution here

###

Actual solution:

###

steps to work out the solution and your solution here

###

Is the student's solution the same as actual solution just calculated:

###

yes or no

###

Student grade:

###

correct or incorrect

###

Question:

###

I'm building a solar power installation and I need help working out the financials.

- Land costs $100 / square foot

- I can buy solar panels for $250 / square foot

- I negotiated a contract for maintenance that will cost me a flat $100k per year, and an additional $10 / square foot.

What is the total cost for the first year of operations as a function of the number of square feet.
###
Student's solution:
###
Let x be the size of the installation in square feet.

Costs:

1. Land cost: 100x

2. Solar panel cost: 250x

3. Maintenance cost: 100,000 + 100x

Total cost: 100x + 250x + 100,000 + 100x = 450x + 100,000

###

Actual solution:

"""

上述的 prompt 是将任务分解为多步，从而让 ChatGPT 能够更准确地输出结果。因此，在输入上述 prompt 之后，ChatGPT 给出了正确的回答，见图 3.18。

Your prompt outlines a clear and structured approach to evaluating the student's solution. I'll provide the "Actual solution" section based on the problem description and then proceed to answer the evaluation questions.

Actual solution:
To calculate the total cost for the first year of operations, we need to consider three main components: land cost, solar panel cost, and maintenance cost.

1. Land cost: $100 / square foot
   This cost is calculated as: Land cost = 100 * x
2. Solar panel cost: $250 / square foot
   This cost is calculated as: Solar panel cost = 250 * x
3. Maintenance cost: $100,000 flat + $10 / square foot
   This cost is calculated as: Maintenance cost = 100,000 + 10 * x

Now, let's calculate the total cost as the sum of these components:

Total cost = Land cost + Solar panel cost + Maintenance cost
Total cost = (100 * x) + (250 * x) + (100,000 + 10 * x)
Total cost = 350 * x + 100,000

Is the student's solution the same as the actual solution just calculated:
No

Student grade:
Incorrect

🔄 Regenerate

图 3.18　改进 prompt 后 ChatGPT 给出了正确的回复

3.5.3　小样本提示

在推理场景的应用中，有时会用到小样提示（few-shot prompting）技术。该技术使用了一个叫小样本（few-shot）的方法，这个方法是由 Brown 等人在 2020 年提出的。Brown 等人认为，现阶段类似 ChatGPT 的这类统计语言模型其实并不懂语言的真实意思，而只是懂概率。如 Brown 等人输入两个不存在的单词 whatpu 和 farduddle：

A "whatpu" is a small, furry animal native to Tanzania. An example of a sentence that usesthe word whatpu is:

We were traveling in Africa and we saw these very cute whatpus.

To do a "farduddle" means to jump up and down really fast. An example of a sentence that usesthe word farduddle is:

AI 系统会输出带 farduddle 的句子：

When we won the game, we all started to farduddle in celebration.

注意：我们通过给出了两个不存在的词 whatpu 和 farduddle 的解释和 whatpu 的例句，即小样本，实现了让 AI 系统输出带 farduddle 的句子。

随着 ChatGPT 版本的迭代更新，ChatGPT 也拥有了更为强大的功能，如对数学推理问题的解决，见图 3.19。

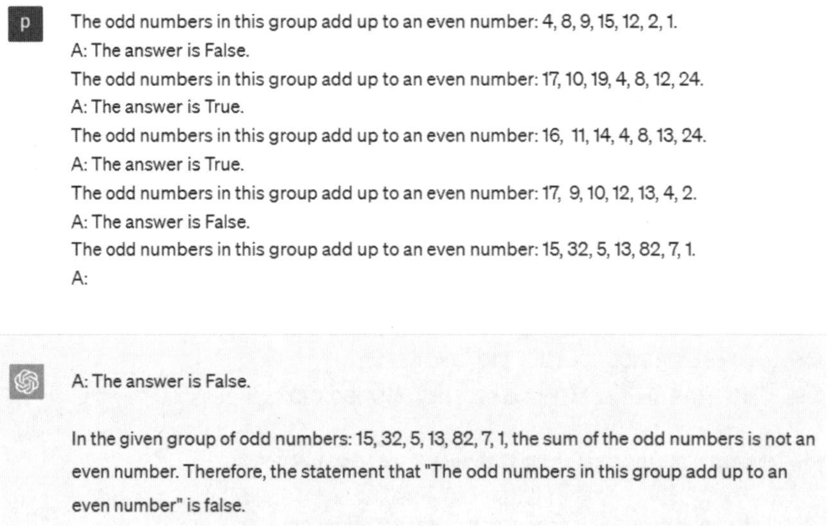

图 3.19　ChatGPT 基于小样本示例的数学推理

与零样本提示类似，在使用小样提示时同样存在小样本思维链（few-shot chain of thought）的技巧。通过向大语言模型展示一些少量的样例，并在样例中解释推理过程，大语言模型在回答提示时也会显示推理过程。这种推理的解释会让 AI 产生出更准确的结果。

例如，我们还是让 ChatGPT 实现图 3.19 中的数学推理问题，不同之处是我们运用了小样本思维链，其中输入的 prompt 如下：

The odd numbers in this group add up to an even number: 4, 8, 9, 15, 12, 2, 1.

A: Adding all the odd numbers (9, 15, 1) gives 25. The answer is False.

The odd numbers in this group add up to an even number: 17, 10, 19, 4, 8, 12, 24.

A: Adding all the odd numbers (17, 19) gives 36. The answer is True.

The odd numbers in this group add up to an even number: 16, 11, 14, 4, 8, 13, 24.

A: Adding all the odd numbers (11, 13) gives 24. The answer is True.

The odd numbers in this group add up to an even number: 17, 9, 10, 12, 13, 4, 2.

A: Adding all the odd numbers (17, 9, 13) gives 39. The answer is False.

The odd numbers in this group add up to an even number: 15, 32, 5, 13, 82, 7, 1.

A:

ChatGPT 会更加我们给出的思维链 "Adding all the odd numbers (15, 5, 13, 7, 1) gives 41.",给出正确的答案,见图 3.20。

The odd numbers in this group add up to an even number: 4, 8, 9, 15, 12, 2, 1.
A: Adding all the odd numbers (9, 15, 1) gives 25. The answer is False.
　The odd numbers in this group add up to an even number: 17, 10, 19, 4, 8, 12, 24.
A: Adding all the odd numbers (17, 19) gives 36. The answer is True.
　The odd numbers in this group add up to an even number: 16, 11, 14, 4, 8, 13, 24.
A: Adding all the odd numbers (11, 13) gives 24. The answer is True.
　The odd numbers in this group add up to an even number: 17, 9, 10, 12, 13, 4, 2.
A: Adding all the odd numbers (17, 9, 13) gives 39. The answer is False.
　The odd numbers in this group add up to an even number: 15, 32, 5, 13, 82, 7, 1.
A:

The odd numbers in this group add up to an even number: 15, 32, 5, 13, 82, 7, 1.

A: Adding all the odd numbers (15, 5, 13, 7, 1) gives 41. The answer is False.

图 3.20　ChatGPT 对小样本思维链的应用

其实,不论是零样本思维链还是小样本思维链,其本质都是格式词的应用,图 3.20 中的案例是将我们解题的思路给出来,让 ChatGPT 学习,从而能够让 ChatGPT 微调它学习到的大模型,得到正确的输出结果。注意:思维链仅在使用大于或等于 100B 参数的大语言模型时,才会生效。

3.5.4　自洽性

自洽性(self-consistency)是对思维链(chain of thought)的一个补充,它能让大语言模型生成多个思维链,然后取最多数的答案作为最终结果。

2022 年,在 Wang 等人在论文 "Self-consistency Improves Chain of Thought Reasoning in Language Models" 中提到了自洽性的概念,并且提出当只用一个逻辑链进行优化时,模型依然有可能会算错,因此可以让模型进行多次运算,然后选取最多的答案作为最终结果,见图 3.21。

随着版本的更新，我们发现 ChatGPT 已经具有了很高的自洽性，一般情况下总能输出正确的答案。即使是一开始 ChatGPT 没有给出正确答案，但是它在随后的详细分析过程中仍然给出正确的答案，如 2023 年 8 月 3 日版本的 ChatGPT 对图 3.17 中的问题回答，见图 3.22。

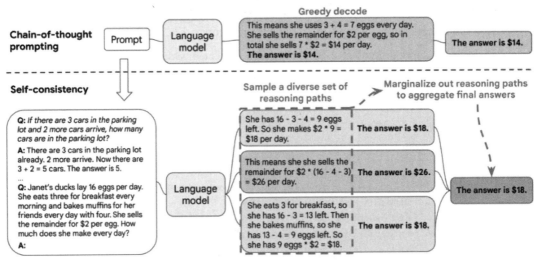

图 3.21　通过自洽性来改进思维链的方法

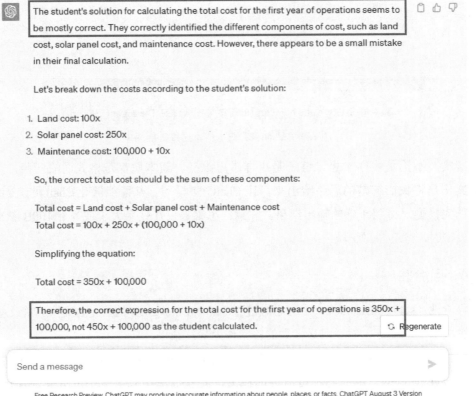

图 3.22　新版 ChatGPT 最终更正了自己的答案

3.5.5　OpenAI 的 Playground 功能

在实际使用中，我们有时会遇到 ChatGPT 不可用的情况，那么可以使用 OpenAI 的 Playground 功能，见图 3.23。这个 Playground 会消耗你的免费信用点（credit）。

由图 3.23 中的右侧可知，OpenAI 的 Playground 包含以下几个参数：

图 3.23　OpenAI 的 Playground 功能

（1）模式：最近更新了第四种聊天模式，一般使用 Complete 就好，当然你可以用其他模式，其他模式能通过 GUI 的方式辅助你撰写 prompt。

（2）型：这里可以切换模型。不同的模型会擅长不同的东西，根据场景选对模型，能让你省很多成本。模型的种类包括以下几种。

• Ada：一种最便宜但运算速度最快的模型。官方推荐的使用场景是解析文本、简单分类、地址更正等。

• Babbage：这个模型能处理比 Ada 复杂的场景。但稍微贵一些，速度也比较快。适合分类、语义搜索等。

• Curie：这个模型官方解释是"和 Davinci 一样能力很强，且更便宜的模型"。但实际上，这个模型非常擅长文字类的任务，比如写文章、语言翻译、撰写总结等。

• Davinci：这是 GPT-3 系列模型中能力最强的模型。可以输出更高的质量、更长的回答。每次请求可处理 4000 个 token。适合有复杂意图、因果关系的场景，还有创意生成、搜索、段落总结等。

（3）温度：用于控制模型生成结果的随机性。简而言之，温度越低，结果越确定，但也会越平凡或无趣。如果你想要得到一些出人意料的回答，可将这个参数调高一些。但如果场景是基于事实的场景，比如数据提取、FAQ 场景，则建议将参数调成 0。

（4）最大长度：设置单次生成内容的最大长度。

（5）停止序列：该选项设置停止生成文本的特定字符串序列。如果生成文本中包含此序列，则模型将停止生成更多文本。

（6）顶部 P：该选项是一种用于 nucleus 采样的技术，它可以控制模型生成文本的概率分布，从而影响模型生成文本的多样性和确定性。如果你想要准确的答案，可以将它设定为较低的值。如果你想要更多样化的回复，可以将其设得高一些。

（7）存在惩罚：该选项控制模型生成文本时是否避免使用特定单词或短语，它可以用于生成文本的敏感话题或特定场景。

（8）最好的：该选项允许设置生成多少个文本后，从中选择最优秀的文本作为输出。默认为1，表示只生成一个文本输出。

（9）注入起始文本：该选项可以在输入文本的开头添加自定义文本，从而影响模型的生成结果。

（10）注入重启文本：该选项可以在生成结果中的某个位置添加自定义文本，从而影响模型继续生成的结果。

（11）显示概率：该选项可以查看模型生成每个单词的概率。打开此选项后，可以看到每个生成的文本单词后面跟着一串数字，表示模型生成该单词的概率大小。

在配置好上述参数后，可以在左侧输入框中书写 prompt，使用 ChatGPT。

本章小结 >>>>

本章介绍了重点介绍了提示工程、提示技术、提示技巧等相关内容，本章的学习能够帮助读者更好地构造提示语句，从而让 ChatGPT 更好地生成我们需要的内容。本章可以作为 ChatGPT 爱好者自学和各类职业院校的教学重点章节。通过本章学习能够为第4章的 ChatGPT 案例应用打下基础。

思考题 >>>>

1. 何为提示工程？
2. 人们学习提示工程的目的是什么？
3. 简述 prompt 的使用原则？
4. 为老师生成一份课程教案最好采用什么提示？（   ）
（A）标准提示　　　　　　　　　　（B）角色提示
（C）小样本提示　　　　　　　　　（D）课程学习提示
5. 下列（   ）提示效果会更好？
（A）为我推荐雅思必背的单词
（B）为我推荐10个雅思必背单词
（C）推荐一些上海值得游玩的场所，不推荐博物馆
（D）推荐一些上海值得游玩的场所，包括自然风景区、名胜古迹、网红打卡点
6. 下列哪种 ChatGPT 中的模型适合进行汉译英操作？（   ）
（A）Ada　　　（B）Babbage　　　（C）Curie　　　（D）Davinci
7. 请在 ChatGPT 中书写一段提示，要求生成一款洗面奶的广告词。

第4章 ChatGPT 的应用案例

学习目标

● 掌握运用 ChatGPT 在文学创作、论文写作、行业分析报告、求职信、音乐创作、编程、翻译、Excel 的应用和绘画方面的应用；

● 理解 ChatGPT 应用中的优化方法；

● 了解 ChatGPT 与第三方工具的结合方法。

4.1 文学作品创作 》》》》

4.1.1 ChatGPT 的创作优势

过去，文学作品的创作是一件非常耗时的活动，如沈括费时 9 年写出了《梦溪笔谈》，曹雪芹倾尽 10 年心血才写成《红楼梦》，司马迁的《史记》用了 15 个春秋，徐弘祖写《徐霞客游记》花了 34 年。现在，快餐文化逐渐在社会上流行起来，短视频、名著的精简版、网络通俗小说等充斥着我们的社会。为了更快速地更新网络小说，网络小说家们每天都要花费数个小时，甚至更长时间进行小说的创作和写作。

AI 为文学作品的创作带来了巨大的可能性和机遇。首先，作为大语言模型中的佼佼者，ChatGPT 能为文学创作者提供必要的协助。通过自然语言处理和机器学习等技术，ChatGPT 能够完成文本分析、语义理解和情感分析，为文学创作者提供创作建议，拓宽创作思路，纠正语法错误，提升文章质量。其次，文学创作者通过与 ChatGPT 交互，能够将 ChatGPT 分析作者的创作风格和喜好，生成符合这些作者风格的文章片段和角色形象。此外，ChatGPT 还能为文学作品创作提供相关的创作素材，丰富文学作品的内容。

4.1.2 创作背景

作为一款大语言模型，ChatGPT 没有创造力，不能提出原创概念或像人一样发挥想象力。一般情况下，我们通过向 ChatGPT 提问（prompt）来获得 ChatGPT 生成的文本。由于 ChatGPT 会记住我们与 ChatGPT 对话之前的所有话，并且可以通过反馈进行更正。为此，为了让 ChatGPT 写小说，需要给予 ChatGPT 足够的信息和提示。本章将讲解如何让 ChatGPT 生成内容，增强其风格，创作小说的具体元素，以及 ChatGPT 如何使用这些元素。创造一个有趣且引人入胜的故事涉及很多方面，因此需要为 ChatGPT 提供有用的提示信息，以便让 ChatGPT 能够生成有价值的文本。

4.1.3 应用步骤

1. 设计故事情节

写小说之前，我们需要先设计故事情节，包括故事的事件、推动故事和人物沿着特定路径前进的因素、高潮时刻、高潮时刻的后遗症，以及某种解决方案。

ChatGPT 已经进行了许多文本训练，其中包括小说文本。当被要求生成小说时，它会尝试复制现有小说作品中的模式，将始终使用依据内容生成文本：

- 背景阐述
- 情节升温
- 高潮
- 情节回落
- 解决

例如，我们构造的故事情节：设定一个时间是公元前 800 年，地点是古希腊，在场人物是哈得斯的崇拜者，所在地发生的历史事件是围绕着哈得斯的追随者和有感知的无花果门徒之间的多次战争。

当我们将故事情节输入 ChatGPT 中，ChatGPT 会先给为故事编写题目“永恒无花果的阴影”，随后生成小说的内容如图 4.1 所示。

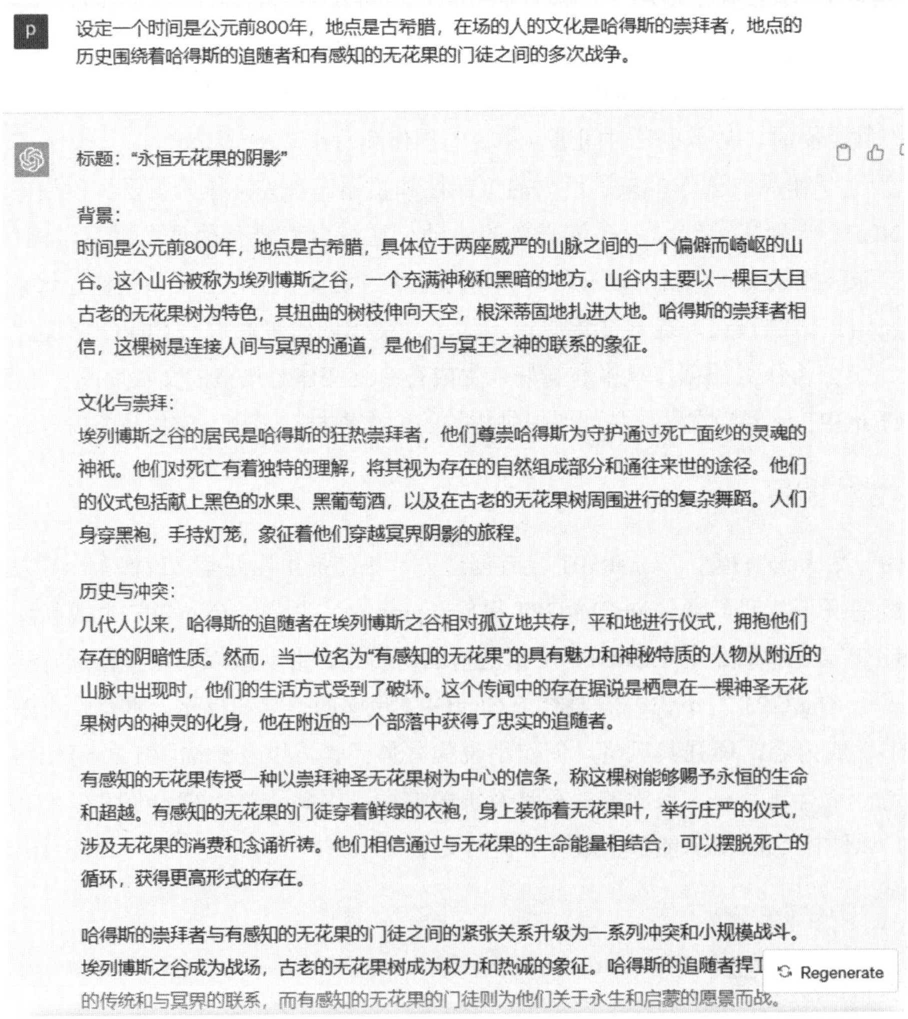
P 设定一个时间是公元前800年，地点是古希腊，在场的人的文化是哈得斯的崇拜者，地点的历史围绕着哈得斯的追随者和有感知的无花果的门徒之间的多次战争。

标题：“永恒无花果的阴影”

背景：
时间是公元前800年，地点是古希腊，具体位于两座威严的山脉之间的一个偏僻而崎岖的山谷。这个山谷被称为埃列博斯之谷，一个充满神秘和黑暗的地方。山谷内主要以一棵巨大且古老的无花果树为特色，其扭曲的树枝伸向天空，根深蒂固地扎进大地。哈得斯的崇拜者相信，这棵树是连接人间与冥界的通道，是他们与冥王之神的联系的象征。

文化与崇拜：
埃列博斯之谷的居民是哈得斯的狂热崇拜者，他们尊崇哈得斯为守护通过死亡面纱的灵魂的神祇。他们对死亡有着独特的理解，将其视为存在的自然组成部分和通往来世的途径。他们的仪式包括献上黑色的水果、黑葡萄酒，以及在古老的无花果树周围进行的复杂舞蹈。人们身穿黑袍，手持灯笼，象征着他们穿越冥界阴影的旅程。

历史与冲突：
几代人以来，哈得斯的追随者在埃列博斯之谷相对孤立地共存，平和地进行仪式，拥抱他们存在的阴暗性质。然而，当一位名为“有感知的无花果”的具有魅力和神秘特质的人物从附近的山脉中出现时，他们的生活方式受到了破坏。这个传闻中的存在据说是栖息在一棵神圣无花果树内的神灵的化身，他在附近的一个部落中获得了忠实的追随者。

有感知的无花果传授一种以崇拜神圣无花果树为中心的信条，称这棵树能够赐予永恒的生命和超越。有感知的无花果的门徒穿着鲜绿的衣袍，身上装饰着无花果叶，举行庄严的仪式，涉及无花果的消费和念诵祈祷。他们相信通过与无花果的生命能量相结合，可以摆脱死亡的循环，获得更高形式的存在。

哈得斯的崇拜者与有感知的无花果的门徒之间的紧张关系升级为一系列冲突和小规模战斗。埃列博斯之谷成为战场，古老的无花果树成为权力和热诚的象征。哈得斯的追随者捍卫的传统和与冥界的联系，而有感知的无花果的门徒则为他们关于永生和启蒙的愿景而战。

图 4.1　ChatGPT 依照我们提供的故事情节生成小说

当我们给出创建的故事情节时，ChatGPT 一般都会有不错的表现，这是由于我们给了它一个可靠的提示。ChatGPT 将"背景阐述、情节升温、高潮、情节回落、解决"作为生成小说的关键模式，除非另有特别指示，否则它永远不会偏离这个模式。所以，ChatGPT 生成小说的质量和原创性将取决于它所训练数据的质量和原创性，同时也取决于我们给 ChatGPT 的输入提示。

a）角色

小说涉及的众生可以是人、动物或其他种类的生物。每个人都应该有自己独特的个性、动机和冲突。通过拥有动态的角色阵容，故事可以变得更加有趣和上下承接。要创建角色，ChatGPT 可以分析所给的提示，并依据以下三个主要因素生成角色：

- 角色描述
- 关系
- 目标

b）背景

故事发生的时间和地点可以包括物理环境、文化、历史背景以及更多的世俗成分。一个背景中文明种族的宗教、神话和传说也都属于这一类。在生成故事背景时，ChatGPT 使用以下组件：

- 时间段
- 地点
- 文化
- 历史

依据上述组件，ChatGPT 可以很好地创建故事背景，但对于一个引人入胜的故事而言是不够的。与小说写作中的其他元素相比，背景的物理定义是比较多的，ChatGPT 也更容易生成所描述世界的有形部分，例如场所的位置和景物的外观。

c）视角

讲述故事的视角可以是第一人称、第二人称或第三人称。一般而言，我们给 ChatGPT 输入提示，不建议在上述三个人称之间相互改变。如果这样做，ChatGPT 可能会生成一些令人困惑的文本，让读者感到迷茫和沮丧。

在生成故事时，ChatGPT 会尝试选择它认为最适合提示的视角。但是，如果未指定故事的视角，可能会导致 ChatGPT 以混乱的视角生成故事。现有 AI 系统在以视角生成故事方面遇到困难，其原因是无法像其他小说元素那样量化这个透视过程，即没有相应的量化透视公式。

d）主题

主题是故事的中心思想。主题可以是简单易懂，也可以是晦涩难懂，笼罩在神秘之中。根据目标，明确或隐含的主题都可以使得故事更有趣，有时小说中会同时存在明确和隐含的两个主题。

ChatGPT 的主题很广泛，它会根据给出的提示判断潜在主题的重要性。例如，如果让 ChatGPT 生成一个关于外星人的故事，它会使用人类对未知事物的天生恐惧作为关键主题。由于主题是特定于故事的，ChatGPT 没有生成它们的真正公式，因此它会选择与已知小说作品中的主题或相近的主题来设置故事的主题。除非有特别说明，否则 ChatGPT 基本上是从类似故事中复制主题。

e）对话

对话是通过人物之间的口头或书面文字表现，是人物揭示他们的个性、关系和冲突的途径。并非所有故事都需要对话，但这是自然融入角色的好方法。此外，对话还能为观众带来更好的可读性。ChatGPT 使用故事中人物的特征来生成他们之间的对话，同时还能牢记故事的背景。在创建对话文本时，ChatGPT 会考虑以下因素：

- 内在性格特征（个性、思想和情感）
- 外部性格特征（说话方式、方言和口语）
- 场景语境

例如，我们创建如下的对话（prompt）：

给我写一个对话驱动的场景，Fix-It Felix 和 Wreck-It Ralph 就《超级马里奥》宇宙中的一座城堡进行辩论。Felix 是一个温和的人，他对建筑有很多思考，当人们打破东西时，他会感到悲伤，因为他们总是完整地说话。拉尔夫不是个坏人，但表现得很直率，而且他真的很喜欢打破东西——他说话总是断断续续，有时还用俚语。

ChatGPT 创建的对话场景如图 4.2 所示。

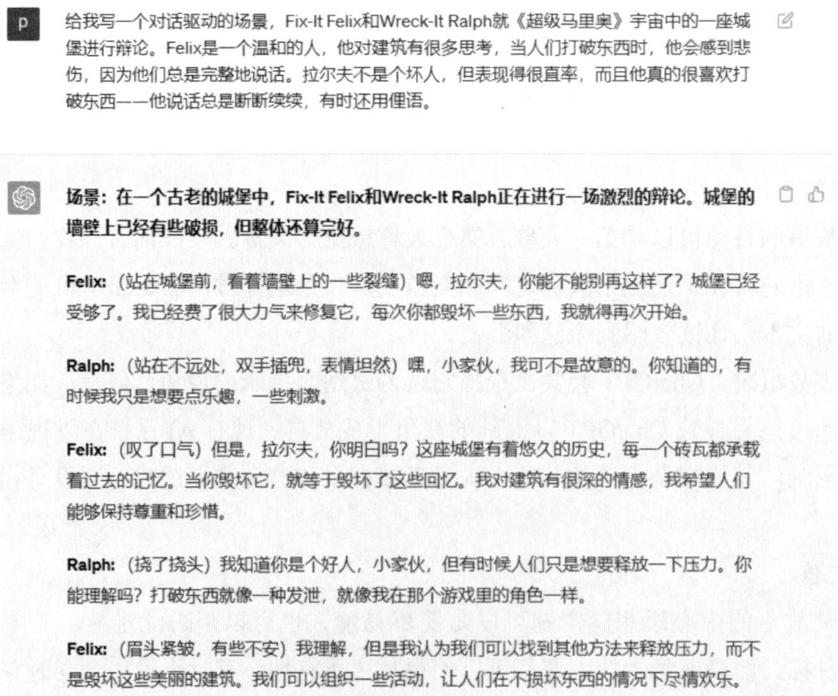

图 4.2　ChatGPT 创建对话实例

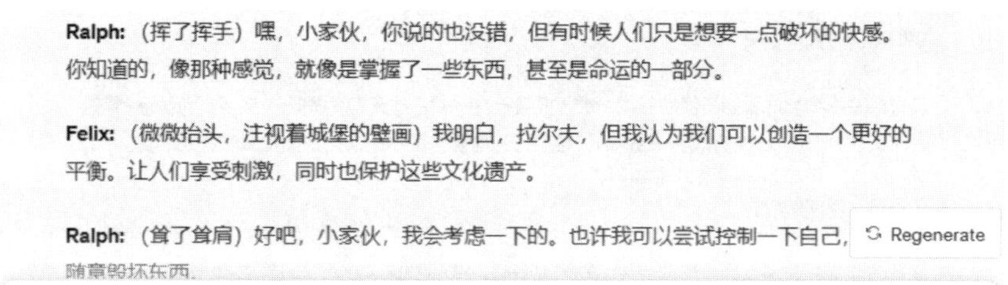

Ralph: (挥了挥手) 嘿，小家伙，你说的也没错，但有时候人们只是想要一点破坏的快感。你知道的，像那种感觉，就像是掌握了一些东西，甚至是命运的一部分。

Felix: (微微抬头，注视着城堡的壁画) 我明白，拉尔夫，但我认为我们可以创造一个更好的平衡。让人们享受刺激，同时也保护这些文化遗产。

Ralph: (耸了耸肩) 好吧，小家伙，我会考虑一下的。也许我可以尝试控制一下自己，随意毁坏东西。

⟳ Regenerate

图 4.2　(续)

虽然在 prompt 中给出了具体说明，但由于 Fix-It Felix 和 Wreck-It Ralph 是知名电影中出现的角色，因此，ChatGPT 试图使用《超级马里奥》电影的文字作为场景的基础，从而导致 ChatGPT 生成一些相当无聊的文本。

f) 风格

作者的写作风格包括单词选择、语气和文学作品剧情的设定，风格有助于故事的整体情绪和气氛。作者的生活、成长经历、道德价值观等都影响着他们的写作风格，而 ChatGPT 是不能够模仿这一切的。

在构造故事的风格时，ChatGPT 使用了以下组件：

- 情绪 (读者对场景主题的感受)
- 语气 (人物如何表现和感受场景的主题)
- 故事类型

例如：我们构造如下的故事风格要求 (prompt)：给我写一篇关于宇宙恐怖题材的短篇小说，其中的情绪非常压抑，并且基调对主人公来说很压抑。

ChatGPT 生成的故事如图 4.3 所示。

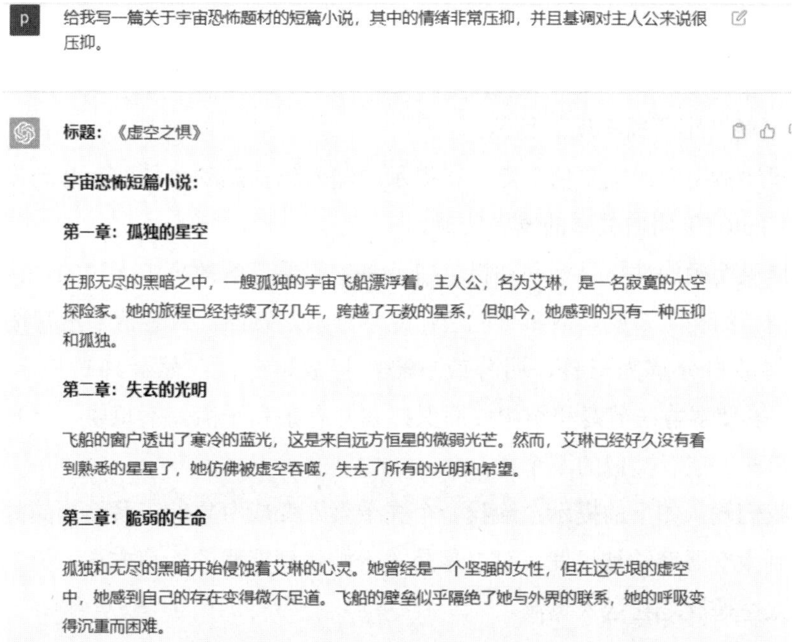

> 给我写一篇关于宇宙恐怖题材的短篇小说，其中的情绪非常压抑，并且基调对主人公来说很压抑。

> 标题：《虚空之惧》
>
> **宇宙恐怖短篇小说：**
>
> **第一章：孤独的星空**
>
> 在那无尽的黑暗之中，一艘孤独的宇宙飞船漂浮着。主人公，名为艾琳，是一名寂寞的太空探险家。她的旅程已经持续了好几年，跨越了无数的星系，但如今，她感到的只有一种压抑和孤独。
>
> **第二章：失去的光明**
>
> 飞船的窗户透出了寒冷的蓝光，这是来自远方恒星的微弱光芒。然而，艾琳已经好久没有看到熟悉的星星了，她仿佛被虚空吞噬，失去了所有的光明和希望。
>
> **第三章：脆弱的生命**
>
> 孤独和无尽的黑暗开始侵蚀着艾琳的心灵。她曾经是一个坚强的女性，但在这无垠的虚空中，她感到自己的存在变得微不足道。飞船的壁垒似乎隔绝了她与外界的联系，她的呼吸变得沉重而困难。

图 4.3　ChatGPT 构造的故事风格

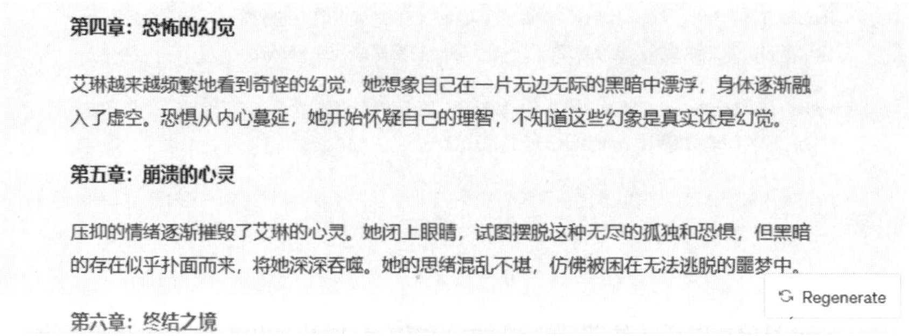

第四章：恐怖的幻觉

艾琳越来越频繁地看到奇怪的幻觉，她想象自己在一片无边无际的黑暗中漂浮，身体逐渐融入了虚空。恐惧从内心蔓延，她开始怀疑自己的理智，不知道这些幻象是真实还是幻觉。

第五章：崩溃的心灵

压抑的情绪逐渐摧毁了艾琳的心灵。她闭上眼睛，试图摆脱这种无尽的孤独和恐惧，但黑暗的存在似乎扑面而来，将她深深吞噬。她的思绪混乱不堪，仿佛被困在无法逃脱的噩梦中。

第六章：终结之境

图 4.3 （续）

虽然依据提示，ChatGPT 会确定故事所需的基调和基调，但当提示过于简单时，ChatGPT 是无法生成有趣的故事。

2. 改进技巧

由于 ChatGPT 只能通过处理提示来生成小说的内容，因此，需要构造有效的提示来 ChatGPT 来处理。

a）提供背景和背景故事

在提示中提供一些上下文的详细信息，如角色看到、听到、闻到、尝到和触摸到什么，角色应该经历的体验等，从而让 ChatGPT 了解世界是什么样的，而无需逐字提及某个位置的所有内容。在提示中告诉 ChatGPT 相关故事的背景，ChatGPT 将对故事有更多的理解。当我们无法直接提出故事的组成部分时，使用一些说明可以弥补这一差距。但是，还需要谨慎使用，因为太多的说明会导致故事情节的乏味。为 ChatGPT 提供一个参数，说明要包含多少说明，以免它被冲昏头脑。例如，在场景提示中包含"使用两句说明"。

b）建立坚实的情节结构

第一，为情节的概念设定明确的目标，包括类型、主要人物和中心冲突或问题，以便让 ChatGPT 了解故事所需实现的目标。

第二，概述故事中的主要情节点。在提示中输入包括煽动事件、上升动作、高潮和解决方案，让 ChatGPT 明白故事的发展情节。

第三，提供明确的性格目标和动机。ChatGPT 需要了解故事中人物的目标和动机，以构建稳固的情节结构。否则，故事可能会让人感觉缺乏方向，或者情节没有按预期发展。

第四，将故事分解为三幕、四幕或五幕。将故事分段，然后通过提示将其提供给 ChatGPT，可以使事情在节奏和结构方面保持井井有条和平衡。不想要一个开头很长而结尾很短的故事——或者类似的不平衡。

例如，我们输入如下的提示：给我一个关于女人变成海象的三幕结构的故事。第一幕是关于她遇到太空恶魔并被诅咒。第二幕是关于她找到课程的治疗方法。第三幕是这个女人为了报复太空恶魔把它送入黑洞。

ChatGPT 生成的故事情节如图 4.4 所示。

> 给我一个关于女人变成海象的三幕结构的故事。第一幕是关于她遇到太空恶魔并被诅咒。第二幕是关于她找到课程的治疗方法。第三幕是这个女人为了报复太空恶魔把它送入黑洞。

故事标题：《海象的审判》

第一幕：黑暗的契约

在广袤的宇宙中，一名年轻的女性名叫艾莉娜，是一名寻宝冒险家。她的勇气和好奇心驱使她探索未知的星际领域。然而，在一次冒险中，她意外地闯入了太空恶魔的领地。恶魔的邪恶力量侵入了她的灵魂，将她变成了一个诅咒的海象。恶魔告诉她，只有在她完成三项艰巨的任务后，才能解除诅咒。

第二幕：破诅之路

艾莉娜决定踏上寻找解除诅咒之路。在她的旅程中，她遇到了一位智慧的导师，他引导她进入神秘的迷宫之境。在那里，她必须通过思考、智慧和勇气来解开迷题。通过克服一个挑战，艾莉娜逐渐领悟到自己内心的力量，发现自己是可以改变命运的。导师教她使用远古的星辰之水，这是能够重塑身体的神奇药剂。

第三幕：征服黑洞

当艾莉娜完成了三项任务，解除了恶魔的诅咒后，她的内心充满了愤怒和渴望复仇。她知道，恶魔给她带来了无尽的痛苦，她决定用同样的痛苦来回应。她追踪恶魔，将其引诱到一个巨大的黑洞附近。在一个决定性的时刻，艾莉娜使用星辰之水的力量，将恶魔束缚，然后将其推向黑洞的引力之中。恶魔发出凄厉的嘶吼，然后消失在黑洞的虚空中。

艾莉娜成功复仇，用自己的力量将太空恶魔送入黑洞，消除了威胁。她的内心充满了解脱和正义的满足感。虽然她的身体可能已经改变，但她的勇气和决心却让她成为了宇宙中的英雄。她的故事将被流传下去，作为一个关于克服困难和追求正义的典范。

图 4.4 ChatGPT 依据故事情节生成故事

注意：针对给出的情节，ChatGPT 构造的文本非常笼统，为了获得更好的回复，需要补充更多的详细信息。

c）构造引人注目的角色

为 ChatGPT 提供角色的详细描述信息，包括他们的外貌、性格特征和个人背景故事，可以让 ChatGPT 生成的角色更细微和更复杂。虽然为 ChatGPT 提供角色的目标和动机对于情节是非常重要的，但丰富角色本身也是十分重要的，这能丰富 ChatGPT 的角色输出内容。在实际应用中，可以使用单个角色提示来让 ChatGPT 生成角色的背景故事、角色视角的独白或两个角色之间的对话。

d）制作引人入胜的对话

每个角色都应该有独特的说话方式、用词方式、语气和语调。为 ChatGPT 提供清晰的文字描述和对话实例可以指导 ChatGPT 输出我们需要的内容。在提示中需要避免使用过于正式的语言，建议使用类似真人之间的对话。ChatGPT 会尝试模仿这些对话，输出类似对话的内容。人物之间对话应该基于故事的背景，为 ChatGPT 提供清晰的场景描述、角色关系和当前角色情况，能帮助 ChatGPT 生成适合场景的对话。

例如：我们构造的对话信息如下：

当一位自由撰稿人对我说："我可以自由地写新话题，所以请随意拍摄任何我认为我可以写的东西"时，请给我一个友好而专业的回复。

ChatGPT 生成的回复见图 4.5 所示。

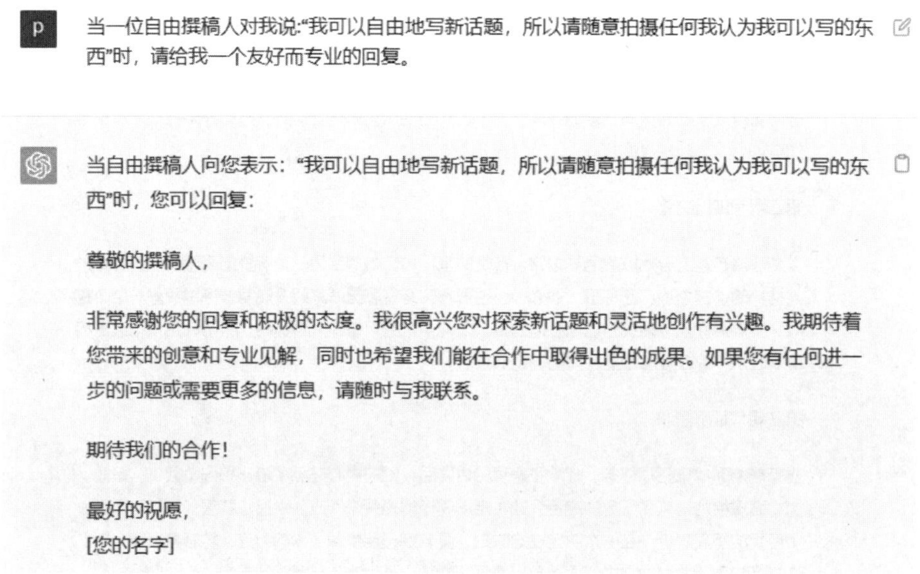

图 4.5　ChatGPT 依据对话内容生成文本

虽然 ChatGPT 会给出了友好和专业的回应，但人物之间的关系并未建立，因此生成的文本过于正式且冗长。此外，当对话内容中有潜台词时，对话内容会更加吸引人。我们可以使用间接语言、讽刺或暗示来实现这一功能。人与人之间也说一些谎言，所以在角色对话中也加入一些谎言，以增加真实感。

e）提升写作风格的技巧

除了让 ChatGPT 生成更有趣的文本之外，还需要改进生成文本的样式。不同于为 ChatGPT 提出写作小说的初始风格，还需要提供故事情节发展过程中的写作风格。如何提升写作风格呢？建议如下。

• 使用描述性语言。给 ChatGPT 详细描述故事中的场景、人物和对象，提及景观的外形、人物的外貌，以及特定的物体。

• 使用比喻语言。比喻语言是指喻、明喻和典故。这种写作技巧是传达主题、主题等重要性的更微妙的方式。

• 结合感官细节。提示 ChatGPT 包含视觉、气味、声音和纹理等感官细节，以帮助使场景栩栩如生。

• 不同的句子结构。长句子有助于将需要解释的概念描述得更加清楚，较短的句子（包括句子片段）可以使一个简单的观点在读者的脑海中产生共鸣。

3. 使用机器学习微调 ChatGPT 的写作

机器学习是一种人工智能，它使计算机能够从数据中学习并确定事物，而无需直接编程。简而言之，机器学习涉及使用算法来分析大型数据集、识别模式和关系，并根据该分析做出预测或决策。

a）机器学习的工作原理

机器学习的第一步是收集和组织数据。关于小说写作，ChatGPT 通过分析大量现有的书面作品，再模仿生成文本。ChatGPT 只是一种人工智能，无法自行完成任务，而好的提示有助于 ChatGPT 学习生成更好的文本。

收集数据后，必须对其进行清理和预处理，包括删除不相关或重复的数据点、标准化数据等，以确保其格式可用。

数据经过预处理后，可用于训练机器学习算法。在训练阶段，该算法分析数据以识别模式和关系。这是通过调整算法的参数来完成的，直到它可以根据它识别的模式准确地预测或分类数据。由于可能存在大量错误信息，ChatGPT 有时很容易生成不准确的信息，因此对生成的信息需要始终保持警惕。

在训练过程之后，必须对 AI 模型进行测试，以确保它能够准确地预测或分类新数据。这通常是通过使用原始数据来评估算法的性能来完成的。

最后，一旦算法经过训练和测试，就可以部署它以根据新数据做出预测或决策。当让 ChatGPT 写小说时，最后一部分会在你给出提示时出现。

b）使用机器学习来增强 ChatGPT 的小说写作

随着 AI 模型收到反馈并接触到更多优秀作品的示例，它可以学习改进其输出并生成更引人入胜和引人入胜的故事。如，我们可以给 ChatGPT 一些负面反馈，说它使用了太多隐喻之后，随后，ChatGPT 会更少的使用隐喻。因此，定期地向 ChatGPT 提供我们对其生成文本的反馈信息，有助于 ChatGPT 了解我们的需求。ChatGPT 也只有在我们的不断提示反馈下才能改进生成的文本。

c）反馈

通过针对特定任务进行培训来微调 ChatGPT 的写作技巧。让它生成特定类型的故事，如奇幻或宇宙恐怖，然后就你喜欢和不喜欢它生成的内容向它提供反馈。例如，如果 ChatGPT 创建的奇幻文本没有足够的魔力，则可以向它提供"包含更多魔法咒语"或"在故事中加入更多巫师和女巫"之类的反馈，从而让 ChatGPT 生成的故事更加丰富。

4. 模仿

ChatGPT 拥有模仿别人写作风格的能力。因此，我们只需要在提示中告诉 ChatGPT 模仿的人物即可。例如，我们让 ChatGPT 模仿鲁迅口吻写一篇关于农民城里买房的作文，见图 4.6。

p 模仿鲁迅口吻写一篇关于农民城里买房的作文。

近年来，乡村与城市之间的界限逐渐模糊，一场前所未有的潮流悄然兴起，农民们纷纷踏上了通往城市的土路。仿佛是一场魔法，城市变得更加吸引人，他们心怀憧憬，带着满怀期待，悄然而至。

然而，农民城里买房的热潮却如同掀起的波涛，带来一连串的挑战与变革。城市，那座充满希望与欲望的摩天大楼，残酷地迎接了这些曾经熟悉乡间风土的来客。

他们带着一家老小，辛辛苦苦地辞别土地的怀抱，却在城市的街头巷尾寻找不到真正的归宿。那些高楼大厦，他们似乎是与之格格不入的局外人，仿佛被时光荒芜的手指轻轻拨弄，将他们遗忘在茫茫的人海之中。

买房，本是一种寻常的交易，然而对于农民来说，却成了一场艰难的抉择。城市的房价，令人应接不暇，他们不得不将几代积蓄都投入其中，却依然难以达成愿望。或许，在某个街角，他们会发现一个被钢筋水泥包围的温暖角落，但那里的温度，却难以抵挡他们心头的苍凉。

农民，曾经是田地的守护者，如今成了城市的流浪者。他们的脚步踏遍了乡村与城市的每一个角落，却发现无处可安身，无处可归宿。他们的期待，如同摇曳不定的蜡烛，渐渐被时光的风吹熄，留下了一地的寂寞和遗憾。

买房，不仅仅是一场经济的交易，更是一场人心的追寻。农民们来到城市，怀揣着希望，渴望在这片陌生的土地上生根发芽。然而，在这座人们争先恐后的大都市里，他们却只能以远望者的姿态，凝视着那些高楼大厦，无法步入其中。

城市的欢迎并没有如他们所愿，农民城里买房的路途远比他们想象的更加艰辛。城市，如同一个冷漠的陌生人，置之不理，任其在人潮汹涌的拥挤中孤独地徘徉。农民们买下了一份落脚之地，却也不过是城市里无数追寻的灵魂中的一颗尘埃。

或许，农民城里买房的故事，只是这座城市巨大故事中的一个侧翼，被冷漠的现实所掩盖。然而，他们的存在，无论多么微小，都应该成为我们思考的一部分。城市，不仅仅是高楼大厦和繁华街头，更是那些渴望幸福的灵魂的归宿。或许，在不久的将来，城市的脉搏会因为

↻ Regenerate

图 4.6　让 ChatGPT 模仿鲁迅口吻写作文

让 ChatGPT 模仿一位已知人物的口吻写小说时，ChatGPT 会对该人物的相关行为进行分析和建模，再以该人物的口吻对小说的内容进行构造。如果小说涉及的内容是一些历史事件，则 ChatGPT 创作的小说会更加生动。例如，我们让 ChatGPT 以金庸口吻写一篇关于玄武门政变的小说，见图 4.7。

p 采用金庸口吻，写一篇关于玄武门政变的小说。

武林中的风云变幻，江湖上的豪杰英雄，不想这一日，朝堂之上，也掀起了一场惊天的风暴。这就是那声名显赫的玄武门政变。

图 4.7　让 ChatGPT 模仿金庸写一篇关于玄武门政变的小说

大唐盛世，国势昌盛，而在这光华背后，却隐藏着无数权谋与恩怨。皇帝李世民威名远播，但朝中权臣，各怀私心。而玄武门外，也潜伏着那些不甘寂寞的豪杰，他们的力量或许不及帝王之威，却蕴藏着一股不可忽视的能量。

时至深秋，风雨交加。玄武门外，寂静如夜晚的江湖，却掩盖着一场生死交锋的阴谋。权臣们精心策划，意图铲除皇帝身边的亲信，夺取朝中大权。而帝王李世民虽然深得民心，却陷入了权谋的漩涡之中。

一阵阴风刺骨，夜幕笼罩。在玄武门外，鲜血与忠诚交织，一场惨烈的战斗迅速展开。帝王身边的亲信，他们是那些令人钦佩的江湖英雄，他们用生命捍卫着一片明亮的天空，不惜付出一切。

刀光剑影之间，忠臣与权臣的恩怨得以释放。他们或激扬文字，或舞弄兵刃，他们的信念在这黑夜里闪耀。然而，在权谋的巨浪之下，他们的抗争似乎只是一场注定的悲歌。

正当玄武门外的战斗如火如荼之时，城中的御座之上，皇帝李世民深感朝堂的变幻莫测。面对权臣的强大势力，他心知，这不仅仅是一场政变，更是一场存亡之战。

最终，胜利的天平向着权臣一方倾斜，那些被背叛的忠臣不得不选择撤退。玄武门外，旌旗招展，他们奋力一搏，却无法阻挡命运的洪流。而皇帝李世民，被迫屈服，他的眼中满是无奈与痛惜。

玄武门政变，不仅仅是帝王与权臣之间的权谋角力，更是江湖与朝堂的交汇。无数忠臣的血染红了玄武门前的土地，江湖中的英雄为了信仰舍生取义。而帝王的心，也被一场政变之风吹得满目苍凉。

⟳ Regene

然而，历史的车轮继续向前，玄武门政变只是那深不可测的江湖之一角。在这茫茫人海中，

图 4.7　（续）

对比图 4.6 和图 4.7，我们发现图 4.7 中的小说更加引人入胜，这是由于玄武门政变是一件历史事件，已经有了非常多的历史记载，同时金庸的小说也是非常多，这样非常有利于 ChatGPT 创作出模仿金庸口吻的小说。

根据上述的事实，我们建议让 ChatGPT 根据某一历史事件写一篇小说，再改变事件的名称，转换为小说中的另外一个事件，从而使得 ChatGPT 生成的小说更加生动、更加吸引人。

4.1.4　结论

中国有句俗语——"熟能生巧"。为了让 ChatGPT 生成高质量的小说，我们需要反复练习，为 ChatGPT 提供大量提示，包括为 ChatGPT 提供故事的背景、情节、人物角色、写作风格等。ChatGPT 也是通过这些提示，不断地在学习和改进，更加理解我们需要书写小说的内涵。

经常练习后，ChatGPT 不但会记住我们提供的所有故事背景知识，还会记住我们的写作风格、用词特点，丰富人物的特征，而且，ChatGPT 还能通过搜索类似的小说，模仿它们的写作风格，实现小说的创作。

4.2　论文写作 »»»

与创作小说类似，ChatGPT 还能帮助我们写出一篇优秀的论文。我们将从确认知识面、学生概念灌输、提供参考学术资源、对比分析、深度启示、开始写论文 6 部分介绍 ChatGPT 的论文写作。

4.2.1　选题

为了让 ChatGPT 书写论文，我们首先需要确定 ChatGPT 能为我们做什么，即 ChatGPT 能写哪些方面的论文？一个简单的方法是直接询问 ChatGPT，让它回答即可。例如，我们输入提示：我要写一篇关于人工智能相关的本科毕业论文，请帮我推荐几个课题。随后，ChatGPT 生成 8 个人工智能方向的论文选题，见图 4.8。我们可以从 8 个选题中选出一个作为论文的主题。

 我要写一篇关于人工智能相关的本科毕业论文，请帮我推荐几个课题。

当涉及人工智能相关的本科毕业论文时，您可以选择以下几个课题作为参考：

1. **人工智能在医疗诊断中的应用：** 研究人工智能如何在医疗领域中应用于疾病诊断、影像分析以及患者数据管理等方面。可以深入探讨机器学习、深度学习等技术在医疗诊断中的效果和挑战。
2. **自然语言处理在虚拟助手中的应用：** 着重研究自然语言处理技术在虚拟助手（如智能语音助手）中的应用，探讨如何改善用户体验、语音识别和语义理解等关键技术。
3. **人工智能与金融领域的结合：** 分析人工智能在金融风控、投资决策、客户服务等方面的应用。可以研究机器学习模型在预测金融市场趋势、风险评估等方面的效果。
4. **智能交通系统与城市规划：** 调查人工智能技术在智能交通系统中的应用，如自动驾驶技术、交通流优化等，以及如何将这些技术与城市规划相结合，提高城市交通效率和减少拥堵。
5. **人工智能伦理与法律问题：** 探讨人工智能技术带来的伦理和法律挑战，如隐私保护、算法歧视等问题。可以分析现有的法规和监管机制是否足够应对人工智能的发展。
6. **人工智能在教育领域中的应用：** 研究人工智能如何在教育中应用，例如个性化教学、智能辅导等。可以评估这些应用对学习成果和学生体验的影响。
7. **人工智能与艺术创作：** 探讨人工智能在音乐、绘画、创意写作等艺术领域的应用，分析人工智能创作是否具有创造性和艺术性。
8. **人工智能在农业领域的创新：** 着眼于人工智能在农业生产、资源管理、气象预测等方面的应用，分析其对提高农业效率和可持续性的影响。

选择适合您兴趣和专业背景的课题是非常重要的。确保您的选题有足够的研究价值和深度，同时也要考虑到您在论文写作过程中的资源和时间限制。最终的选题应该能够展示您的研究能力和对人工智能领域的理解。

图 4.8　ChatGPT 生成的论文选题

4.2.2　选题知识确认

对于 ChatGPT 提供的选题，我们还需要确认是否 ChatGPT 有这方面的足够知识储备。为此，我们询问 ChatGPT：“你了解‘人工智能在医疗诊断中的应用’方面的知识吗？”随后，ChatGPT 会对选题知识进行确认，同时给出相关选题的技术和应用，见图 4.9。

由图 4.9 可知，ChatGPT 对“人工智能在医疗诊断中的应用”是比较了解的。随后，我们可以从影像诊断或预测疾病这些方面来让 ChatGPT 书写论文。

你了解"人工智能在医疗诊断中的应用"方面的知识吗？

是的，我了解一些关于人工智能在医疗诊断中的应用方面的知识。人工智能在医疗领域中的应用是一个迅速发展的领域，它涵盖了从影像分析到疾病预测的多个方面。以下是一些常见的应用和相关技术：

1. **影像分析：** 人工智能在医学影像领域具有广泛的应用，如X射线、CT扫描、MRI等。深度学习技术可以帮助医生自动检测、分类和定位肿瘤、病变等。例如，卷积神经网络（CNN）可以识别X射线图像中的异常情况。
2. **病理学和组织学：** 人工智能可以用于对病理组织图像进行分析，帮助医生进行癌症诊断。计算机视觉技术能够自动检测和定位细胞异常。
3. **基因组学：** 人工智能可以分析基因组数据，识别遗传变异与疾病风险之间的关联。这对于个性化治疗和药物开发具有重要意义。
4. **疾病预测：** 通过分析患者的临床数据，如病历、检查结果等，人工智能可以预测疾病的风险。例如，可以使用机器学习算法来预测糖尿病、心血管疾病等。
5. **药物研发：** 人工智能在药物研发中可以加速药物筛选和设计。通过模拟分子相互作用，人工智能可以预测药物分子的活性和潜在的副作用。
6. **医疗助手：** 聊天机器人和虚拟助手可以协助医生和患者之间的沟通，回答常见问题，提供健康建议等。
7. **个性化治疗：** 基于患者的个人健康数据，人工智能可以为每位患者制定个性化的治疗方案，以提高治疗效果。

然而，尽管人工智能在医疗诊断中具有巨大潜力，但也面临着一些挑战，如数据隐私和安全性、算法的可解释性、临床验证等。因此，在应用人工智能于医疗诊断时，需要充分考虑这些方面，并与医疗专业人士密切合作。

图 4.9　ChatGPT 对选题知识的确认

4.2.3　参考文献

学术论文的一个重要组成部分是参考文献，为此，我们可以询问 ChatGPT：能推荐 5 篇关于“人工智能在医疗诊断中的应用”引用率较高的英文文献并且给我介绍吗？ChatGPT 不但会给出 5 篇英文论文的参考文献，而且还会用中文对每篇论文的核心观点进行总结，见图 4.10。

p 能推荐5篇关于"人工智能在医疗诊断中的应用"引用率较高的英文文献并且给我介绍吗?

当然可以,请注意以下这些引用率较高的英文文献,它们涵盖了人工智能在医疗诊断中的不 同应用方面:

1. Esteva, A., Kuprel, B., Novoa, R. A., Ko, J., Swetter, S. M., Blau, H. M., & Thrun, S. (2017). Dermatologist-level classification of skin cancer with deep neural networks. Nature, 542(7639), 115-118.

   这篇文章介绍了一种基于深度神经网络的皮肤癌分类系统,具备与皮肤科医生相当的分类准确性。作者采用卷积神经网络(CNN)对皮肤病变图像进行分类,取得了令人瞩目的成果,强调了人工智能在皮肤病诊断中的潜力。

2. Gulshan, V., Peng, L., Coram, M., Stumpe, M. C., Wu, D., Narayanaswamy, A., ... & Webster, D. R. (2016). Development and validation of a deep learning algorithm for detection of diabetic retinopathy in retinal fundus photographs. JAMA, 316(22), 2402-2410.

   该研究通过深度学习算法实现对糖尿病视网膜病变的检测,准确率高于许多专业医生。这显示了人工智能在眼科医疗领域中的巨大潜力,可以改善糖尿病病患者的视网膜检查流程。

3. Rajpurkar, P., Irvin, J., Zhu, K., Yang, B., Mehta, H., Duan, T., ... & Lungren, M. P. (2017). CheXNet: Radiologist-level pneumonia detection on chest X-rays with deep learning. arXiv preprint arXiv:1711.05225.

   这篇论文介绍了一个使用深度学习技术在胸部X射线图像中检测肺炎的系统。研究表明,这个系统可以在肺炎诊断方面达到与放射科医生相当的准确性,进一步证明了人工智能在医疗影像分析中的应用价值。

4. Lundervold, A. S., & Lundervold, A. (2019). An overview of deep learning in medical imaging focusing on MRI. Zeitschrift für Medizinische Physik, 29(2), 102-127.

   这篇综述文章概述了医学影像中的深度学习应用,着重关注MRI。它回顾了在解剖学、病理学、疾病检测等领域中,深度学习技术在医学影像中的取得的显著进展。

5. Litjens, G., Kooi, T., Bejnordi, B. E., Setio, A. A. A., Ciompi, F., Ghafoorian, M., ... & Sánchez, C. I. (2017). A survey on deep learning in medical image analysis. Medical image analysis, 42, 60-88.

   这份综述回顾了深度学习在医学影像分析中的广泛应用。它概述了深度学习方法在图像分割、疾病检测、器官定位等方面的应用,并讨论了其在医疗诊断中的前景和挑战。

这些文献都是在人工智能在医疗诊断中应用领域中引用率较高的重要研究,可以作为您的研究参考。请确保在使用或引用这些文献时遵循适当的引用格式。

图 4.10　ChatGPT 给出的 5 篇英文参考文献

　　但是,我们也从其给出的参考文献中发现了一些问题:(1)参考文献的时间较为久远;(2)缺少计算机领域权威期刊的文献。为此,我们重新询问 ChatGPT:上述 5 篇文献的实际都比较久远,有最近 3 年的文献吗?能否给出计算机权威期刊相关该问题的最近 3 年文献呢? ChatGPT 的回复是说它的数据库截止到 2021 年 9 月,所以无法提供 2022 年和 2023 年的最新文献,同时也建议使用 IEEE Xplore、PubMed、Google Scholar 等来进行文献检索,见图 4.11。

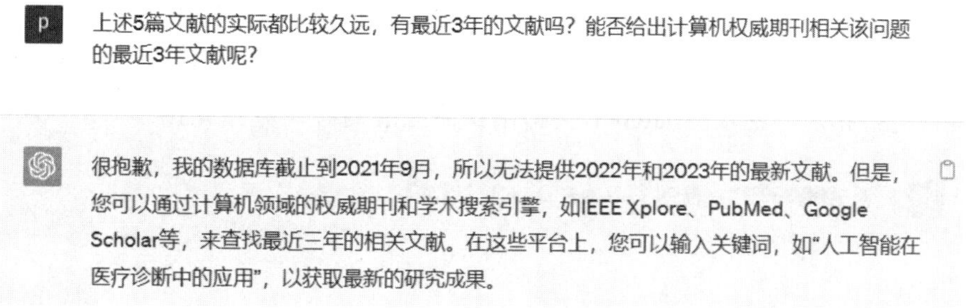

p　上述5篇文献的实际都比较久远，有最近3年的文献吗？能否给出计算机权威期刊相关该问题的最近3年文献呢？

很抱歉，我的数据库截止到2021年9月，所以无法提供2022年和2023年的最新文献。但是，您可以通过计算机领域的权威期刊和学术搜索引擎，如IEEE Xplore、PubMed、Google Scholar等，来查找最近三年的相关文献。在这些平台上，您可以输入关键词，如"人工智能在医疗诊断中的应用"，以获取最新的研究成果。

图 4.11　ChatGPT 输出参考文献的限制

4.2.4　文献总结

针对 ChatGPT 输出的 5 篇论文，我们可以让 ChatGPT 进行总结，写一篇相关的论文。我们向 ChatGPT 输入：请用 1500 字总结一下这 5 篇文献的内容，包括背景、问题、方法、分析、案例、结论六个方面。ChatGPT 会根据我们的要求，按照这六个方面进行论文的生成，见图 4.12。

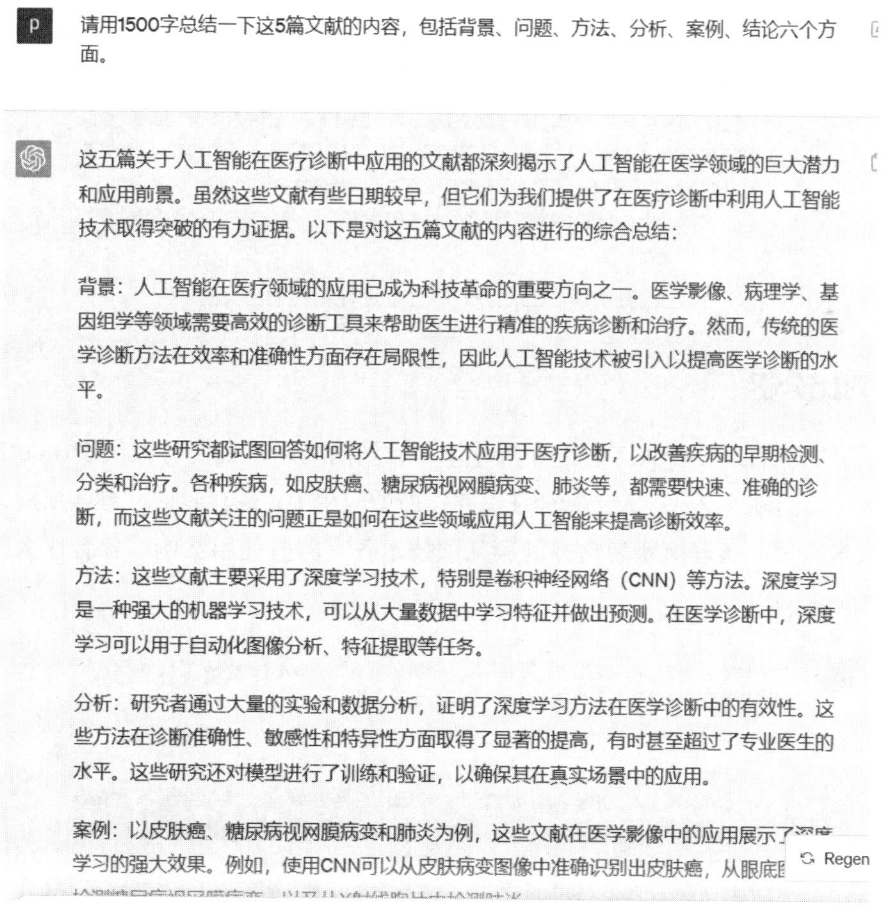

p　请用1500字总结一下这5篇文献的内容，包括背景、问题、方法、分析、案例、结论六个方面。

这五篇关于人工智能在医疗诊断中应用的文献都深刻揭示了人工智能在医学领域的巨大潜力和应用前景。虽然这些文献有些日期较早，但它们为我们提供了在医疗诊断中利用人工智能技术取得突破的有力证据。以下是对这五篇文献的内容进行的综合总结：

背景：人工智能在医疗领域的应用已成为科技革命的重要方向之一。医学影像、病理学、基因组学等领域需要高效的诊断工具来帮助医生进行精准的疾病诊断和治疗。然而，传统的医学诊断方法在效率和准确性方面存在局限性，因此人工智能技术被引入以提高医学诊断的水平。

问题：这些研究都试图回答如何将人工智能技术应用于医疗诊断，以改善疾病的早期检测、分类和治疗。各种疾病，如皮肤癌、糖尿病视网膜病变、肺炎等，都需要快速、准确的诊断，而这些文献关注的问题正是如何在这些领域应用人工智能来提高诊断效率。

方法：这些文献主要采用了深度学习技术，特别是卷积神经网络（CNN）等方法。深度学习是一种强大的机器学习技术，可以从大量数据中学习特征并做出预测。在医学诊断中，深度学习可以用于自动化图像分析、特征提取等任务。

分析：研究者通过大量的实验和数据分析，证明了深度学习方法在医学诊断中的有效性。这些方法在诊断准确性、敏感性和特异性方面取得了显著的提高，有时甚至超过了专业医生的水平。这些研究还对模型进行了训练和验证，以确保其在真实场景中的应用。

案例：以皮肤癌、糖尿病视网膜病变和肺炎为例，这些文献在医学影像中的应用展示了深度学习的强大效果。例如，使用CNN可以从皮肤病变图像中准确识别出皮肤癌，从眼底图

图 4.12　ChatGPT 按照我们的要求生成 1500 字的文献总结报告

让 ChatGPT 按照上述六个方面生成论文的目的是告诉它：当我们写论文的时候，我

们也需要按照这个框架来组织相关论文。此外，在总结文献的过程中，如果我们有新的想法，可以通过对子概念进行拓展和提问来深入探讨。例如，我们可以对 ChatGPT 输出文章中的背景进行拓展，然后 ChatGPT 会给出相应拓展内容，见图 4.13。

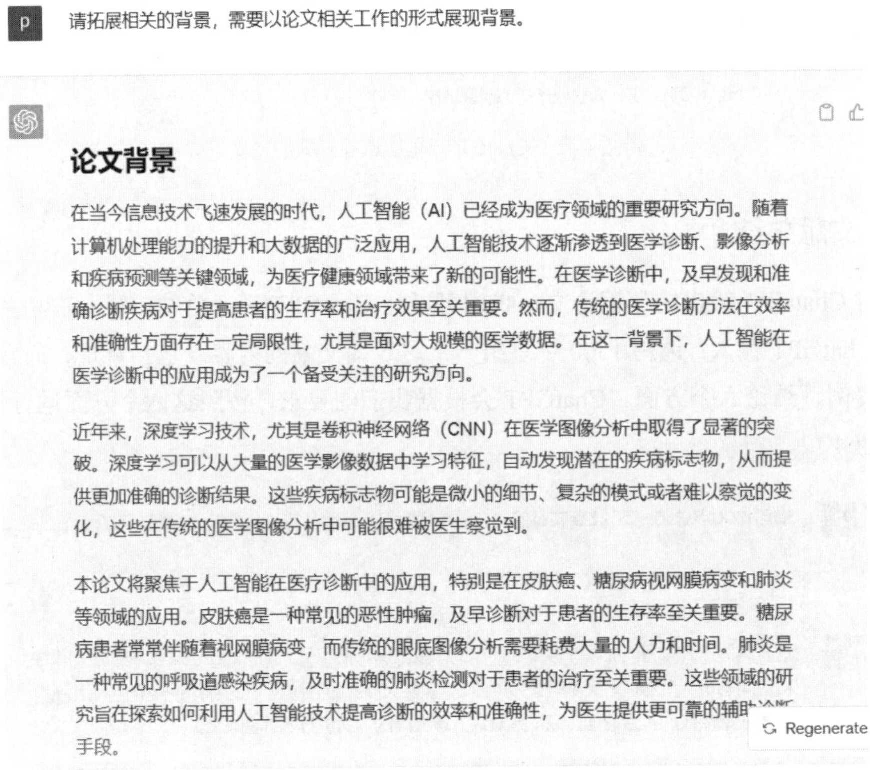

> p　请拓展相关的背景，需要以论文相关工作的形式展现背景。

论文背景

在当今信息技术飞速发展的时代，人工智能（AI）已经成为医疗领域的重要研究方向。随着计算机处理能力的提升和大数据的广泛应用，人工智能技术逐渐渗透到医学诊断、影像分析和疾病预测等关键领域，为医疗健康领域带来了新的可能性。在医学诊断中，及早发现和准确诊断疾病对于提高患者的生存率和治疗效果至关重要。然而，传统的医学诊断方法在效率和准确性方面存在一定局限性，尤其是面对大规模的医学数据。在这一背景下，人工智能在医学诊断中的应用成为了一个备受关注的研究方向。

近年来，深度学习技术，尤其是卷积神经网络（CNN）在医学图像分析中取得了显著的突破。深度学习可以从大量的医学影像数据中学习特征，自动发现潜在的疾病标志物，从而提供更加准确的诊断结果。这些疾病标志物可能是微小的细节、复杂的模式或者难以察觉的变化，这些在传统的医学图像分析中可能很难被医生察觉到。

本论文将聚焦于人工智能在医疗诊断中的应用，特别是在皮肤癌、糖尿病视网膜病变和肺炎等领域的应用。皮肤癌是一种常见的恶性肿瘤，及早诊断对于患者的生存率至关重要。糖尿病患者常常伴随着视网膜病变，而传统的眼底图像分析需要耗费大量的人力和时间。肺炎是一种常见的呼吸道感染疾病，及时准确的肺炎检测对于患者的治疗至关重要。这些领域的研究旨在探索如何利用人工智能技术提高诊断的效率和准确性，为医生提供更可靠的辅助手段。

图 4.13　ChatGPT 对背景进行拓展输出

4.2.5　对比分析

为了更加深入地分析人工智能在医疗诊断领域的应用，我们可以让 ChatGPT 进行类比和分析。我们输入提示：人工智能在医疗诊断的应用中，影像诊断、预测疾病、个性化治疗、疾病监控、病理诊断和精神健康几项技术各有哪些使用案例，各有什么区别？如图 4.14 所示。

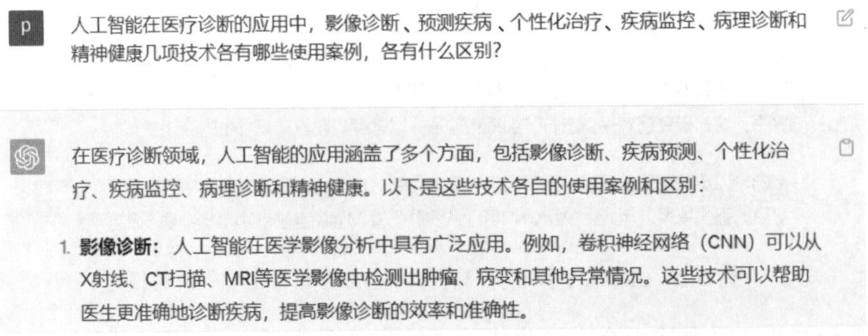

> p　人工智能在医疗诊断的应用中，影像诊断、预测疾病、个性化治疗、疾病监控、病理诊断和精神健康几项技术各有哪些使用案例，各有什么区别？

> 在医疗诊断领域，人工智能的应用涵盖了多个方面，包括影像诊断、疾病预测、个性化治疗、疾病监控、病理诊断和精神健康。以下是这些技术各自的使用案例和区别：
>
> 1. **影像诊断**：人工智能在医学影像分析中具有广泛应用。例如，卷积神经网络（CNN）可以从 X射线、CT扫描、MRI等医学影像中检测出肿瘤、病变和其他异常情况。这些技术可以帮助医生更准确地诊断疾病，提高影像诊断的效率和准确性。

图 4.14　引导 ChatGPT 进行类比分析

2. **预测疾病**：基于患者的临床数据和生理参数，人工智能可以预测患者可能患上某种疾病的风险。例如，机器学习模型可以根据患者的历史数据预测糖尿病、心血管疾病等的患病风险，有助于早期干预和预防。

3. **个性化治疗**：通过分析患者的基因组数据和临床信息，人工智能可以为每位患者制定个性化的治疗方案。这些方案可以针对患者的基因变异、药物反应等因素进行调整，以提高治疗效果。

4. **疾病监控**：人工智能可以监控大规模的医疗数据，识别异常模式并发现潜在的疾病暴发。例如，通过分析流行病数据和社交媒体信息，人工智能可以提前预警疫情的爆发和传播。

5. **病理诊断**：在病理学领域，人工智能可以分析组织切片图像，识别细胞结构和病变，辅助病理医生进行癌症诊断。这些技术可以提高病理诊断的准确性，减少主观判断带来的误差。

6. **精神健康**：人工智能可以分析患者的语音、文本和行为数据，识别出可能的精神健康问题，如抑郁症、焦虑症等。这些技术可以帮助医生更早地发现和治疗精神健康问题。

这些技术在应用中有一些区别。影像诊断主要关注医学影像数据的分析，用于检测病变、病等，预测疾病主要基于患者数据进行风险预测，个性化治疗关注于根据个体特征制定治疗

图 4.14 （续）

4.2.6 深度启示

在用 ChatGPT 进行论文写作过程中，不能急于求成。首先需要按照一定步骤让 ChatGPT 生成一篇论文的初稿，再通过不断的完善提示内容，让 ChatGPT 逐步完善论文的细节和内容，从而实现高质量论文的生成。

例如，写论文的第一步是确定论文的标题。为了实现这一目的，可以要求 ChatGPT 给出三个可能的标题。一旦确定了其中一个标题，可以继续让 ChatGPT 构思整篇论文的大纲。图 4.15 展示了一个 ChatGPT 生成论文选题的实例。

> 我想研究人工智能在医疗诊断中的应用，你可以根据我们上面的聊天内容，生成三篇论文的标题。

> 当然可以，根据您之前的需求，我为您生成了三篇关于人工智能在医疗诊断中应用的论文标题：
>
> 1. **论文标题**：基于深度学习的医学影像分析：人工智能在影像诊断中的应用与挑战
> 2. **论文标题**：预测性医学：人工智能在疾病预测和风险评估中的创新应用
> 3. **论文标题**：个性化治疗的未来：基于人工智能的医疗决策支持系统的构建与实践
>
> 这些标题可以帮助您进一步展开关于人工智能在医疗诊断中应用的研究。您可以在这些主题基础上深入探讨不同的应用案例、技术挑战、潜在优势以及伦理和法律等方面的问题。

图 4.15 ChatGPT 生成三个论文标题

4.2.7 生成论文

假定我们选择的论文标题是"基于深度学习的医学影像分析：人工智能在影像诊断中的应用与挑战"，则可以通过一步一步的方式让 ChatGPT 生成论文的各个部分。例如，为

了让 ChatGPT 生成论文的提纲，我们可以输入提示："我的论文选题是'基于深度学习的医学影像分析：人工智能在影像诊断中的应用与挑战'，能依据我们的聊天内容生成论文的提纲吗？" ChatGPT 会依据提示内容，生成相应的论文提纲，见图 4.16。

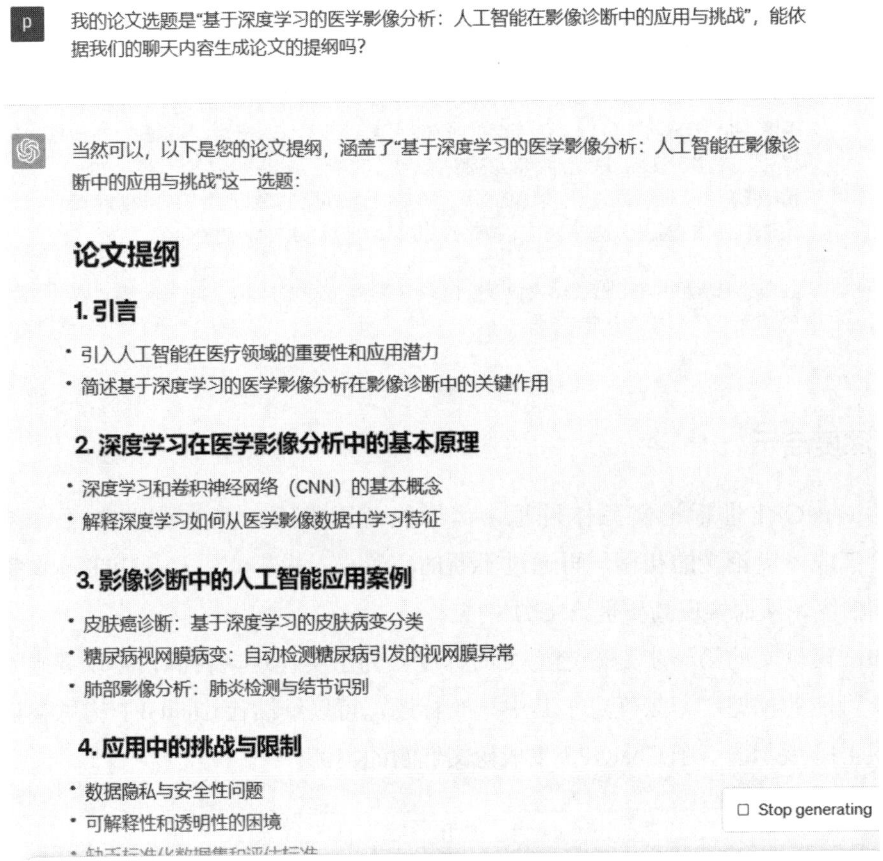

图 4.16　用 ChatGPT 生成论文提纲

随后，我们可以让 ChatGPT 逐步完善提纲中的每一条。例如，我们对 ChatGPT 输入："请以学术论文写作形式，完善引言中'引入人工智能在医疗领域的重要性和应用潜力'这一部分。"随后，ChatGPT 输出了更为完善的论文内容，见图 4.17。

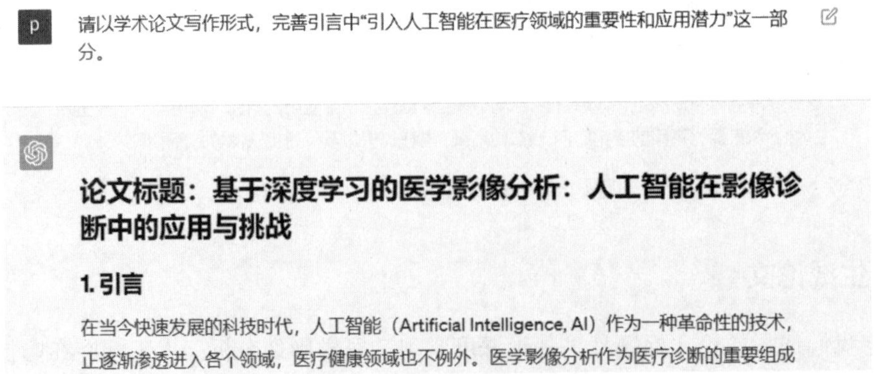

图 4.17　指导 ChatGPT 逐条完善论文提纲

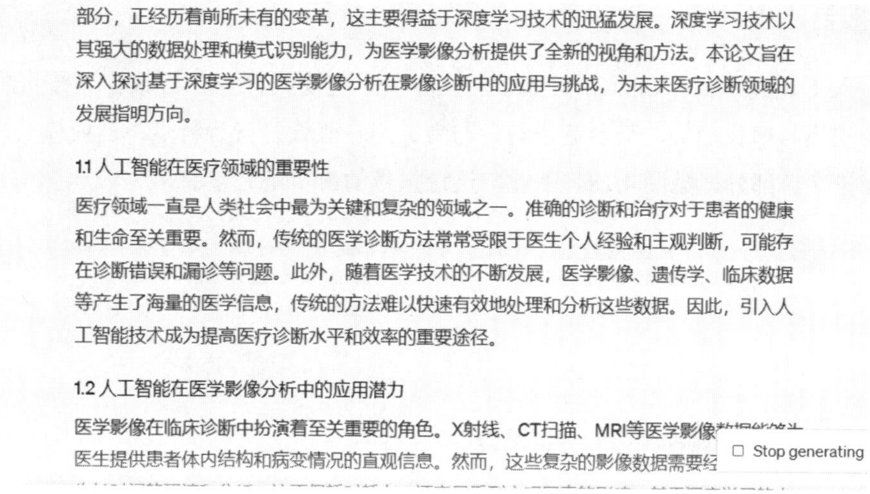

部分，正经历着前所未有的变革，这主要得益于深度学习技术的迅猛发展。深度学习技术以其强大的数据处理和模式识别能力，为医学影像分析提供了全新的视角和方法。本论文旨在深入探讨基于深度学习的医学影像分析在影像诊断中的应用与挑战，为未来医疗诊断领域的发展指明方向。

1.1 人工智能在医疗领域的重要性

医疗领域一直是人类社会中最为关键和复杂的领域之一。准确的诊断和治疗对于患者的健康和生命至关重要。然而，传统的医学诊断方法常常受限于医生个人经验和主观判断，可能存在诊断错误和漏诊等问题。此外，随着医学技术的不断发展，医学影像、遗传学、临床数据等产生了海量的医学信息，传统的方法难以快速有效地处理和分析这些数据。因此，引入人工智能技术成为提高医疗诊断水平和效率的重要途径。

1.2 人工智能在医学影像分析中的应用潜力

医学影像在临床诊断中扮演着至关重要的角色。X射线、CT扫描、MRI等医学影像数据能够为医生提供患者体内结构和病变情况的直观信息。然而，这些复杂的影像数据需要经

☐ Stop generating

图 4.17 （续）

4.2.8　小结

与写小说不同，论文写作有自己的套路和格式，如包含参考文献、学术性标题、相关工作等。可以利用 ChatGPT 来帮助我们生成相关的论文标题，再写出具体论文提纲。随后，再针对提纲中的内容进行细化和完善，产生论文初稿。接着，可以让 ChatGPT 对论文进行修改，直到产生一篇高质量论文。但是，由于 ChatGPT 本身数据库的限制，因此，也需要我们自己搜索一些最新的论文，补充到 ChatGPT 生成的论文中。

4.3　行业分析报告 》》》

在信息爆炸的时代，行业分析报告对于企业决策具有举足轻重的地位。在编写行业分析报告的过程中，如何提高报告的编撰质量和效率成了当务之急。本章将讲解如何使用 ChatGPT 自动生成行业分析报告。

4.3.1　提示内容

假定需要生成一份中国短视频的行业分析报告，则向 ChatGPT 输入："写一份关于中国短视频行业的分析报告，要求包括市场规模、平台竞争、用户画像和商业模式。同时，详细分析中国短视频行业市场规模和增长趋势、参与者和竞争格局、风险和机会。"

上述包含了报告的目的"写一份关于中国短视频行业的分析报告"，报告的内容"市场规模、平台竞争、用户画像和商业模式"，报告的注意事项"详细分析中国短视频行业市场规模和增长趋势、参与者和竞争格局、风险和机会"，为此，这个提示能够让 ChatGPT 明白需要做什么、怎么做和重点关注什么。

4.3.2 报告输出

在输入上述提示后，ChatGPT 会产生一份中国短视频行业分析报告。该报告包括引言、市场规模与增长趋势、平台竞争与参与者、用户画像与行为特点、商业模式、风险与机会、结论 7 个部分，见图 4.18。因此，这份报告的内容是完整的。

 写一份关于中国短视频行业的分析报告，要求包括市场规模、平台竞争、用户画像和商业模式。同时，详细分析中国短视频行业市场规模和增长趋势、参与者和竞争格局、风险和机会。

中国短视频行业分析报告

1.引言

中国短视频行业作为移动互联网时代的典型产物，近年来取得了显著的发展。随着智能手机的普及和移动互联网的快速发展，短视频成为了人们快速获取信息、娱乐消遣的主要方式之一。本报告将对中国短视频行业进行综合分析，重点关注市场规模、平台竞争、用户画像和商业模式，并深入探讨市场的增长趋势、参与者竞争格局、风险和机会。

2.市场规模与增长趋势

中国短视频行业已经成为全球最大的市场之一，根据数据显示，截至2021年底，中国短视频用户规模已超过8亿。市场规模不断扩大的背后，主要得益于智能手机的普及、移动网络的升级以及用户对于短小精悍内容的日益需求。预计未来几年，随着5G网络的全面推广，短视频市场将进一步扩大，用户规模有望达到10亿。

3.平台竞争与参与者

在中国短视频行业中，主要的平台竞争着包括抖音（TikTok）、快手、微视等。其中，抖音作为头部平台之一，以其独特的创意内容、个性化推荐算法和社交互动体验受到了广大用户的热烈欢迎。快手则以其强大的用户基础和深度的社区互动为特点。此外，还有一些小众领域的短视频平台如B站（哔哩哔哩）等，在特定领域内也拥有一定的影响力。

4.用户画像与行为特点

中国短视频用户群体呈现出多样化的特点。从年龄分布来看，年轻人（18-35岁）仍然是短视频的主要用户，占据了绝大部分市场份额。同时，城市用户相对较多，但农村地区的用户增长也较为迅速。用户对于短视频的使用方式多样，有的是为了娱乐休闲，有的是通过分享自己的创作获得认可，还有的通过学习知识或获取新闻资讯。

5.商业模式

中国短视频行业的商业模式主要包括广告变现、虚拟商品销售和电商合作等。广告变现是主要的收入来源，各大平台通过精准的用户画像和推荐算法，为广告主提供有针对性的广告投放。此外，一些平台也开始尝试虚拟商品的销售，通过虚拟礼物、道具等形式实现收入。同时，短视频平台也与电商平台合作，通过推动购物直播等方式将流量转化为销售。

6.风险与机会

尽管中国短视频行业取得了显著的发展，但也面临着一些风险和挑战。首先，监管风险是当前的主要问题，相关部门对于短视频内容的审核和整顿力度逐渐加强。此外，依赖于算法推荐的商业模式也可能带来信息封闭、过度追求点击率等问题。然而，随着5G网络的推广、人工智能技术的不断进步，短视频行业依然充满了机会。不仅可以通过创新内容形式拓宽用户群体，还可以将短视频与其他产业相结合，如教育、文化传承等。

图 4.18　ChatGPT 生成的中国短视频行业分析报告

7. 结论

中国短视频行业在移动互联网浪潮下迎来了蓬勃发展，市场规模不断扩大，用户群体日益多
元化。尽管面临一些风险，但其未来的发展潜力依然巨大。平台竞争将继续激烈，商业模式
也将不断创新。随着技术的进步和市场的深入洗牌，中国短视频行业将持续为用户提供丰富
多彩的内容，为移动互联网时代增添活力。

图 4.18　（续）

4.3.3　输出优化

　　针对上面的行业分析报告，ChatGPT 还能进行进一步的优化。例如，为了细化风险与
机会一节，向 ChatGPT 输入提示：能详细描述风险与机会吗？ ChatGPT 会将风险和机会
分开描述，见图 4.19。

 能详细描述风险与机会吗？

6. 风险与机会

6.1 风险

6.1.1 监管风险： 随着短视频平台用户规模的不断扩大，涉及的内容也愈加丰富多样。然而，
一些内容可能涉及违法违规、低俗等问题，引发了监管部门的关注。监管风险是中国短视频
行业面临的首要问题之一，相关部门对于短视频内容的审核和整顿力度不断加大，可能导致
部分内容被删除或封禁，影响用户体验和平台盈利。

6.1.2 竞争加剧： 随着市场的发展，短视频平台竞争日益激烈。大平台不断推陈出新，小平台
也不断崛起，使得市场份额分散。平台之间的激烈竞争可能导致用户粘性降低，用户流失风
险增加。此外，为了争夺用户，平台可能加大了营销和推广投入，增加了运营成本。

6.1.3 用户粘性问题： 短视频平台的用户主要是年轻人，他们的兴趣和消费习惯变化较快。平
台需要不断创新，为用户提供吸引人的内容，否则用户可能转投其他平台，降低了平台的用
户粘性。

6.2 机会

6.2.1 5G网络推广： 5G网络的普及将进一步提升用户的视频观看体验，促使视频内容更加多
样化和高清晰化。高速网络将有助于用户更快速地上传、分享和观看短视频，也为平台提供
了更大的传播空间。

6.2.2 创新内容形式： 短视频行业需要不断创新以满足用户需求。从娱乐、教育到文化传承，
各种内容形式可以探索和拓展。虚拟现实（VR）和增强现实（AR）等新技术的引入，也为短
视频创作提供了更多可能性。

6.2.3 行业整合： 部分短视频平台开始尝试与其他产业相结合，如电商、教育等。通过将短视
频与其他领域相融合，可以为用户提供更全面的体验，同时也为平台创造了更多商业机会。

6.2.4 广告变现升级： 随着用户数据的积累，短视频平台可以通过更精准的广告定向，为广告
主提供更具价值的广告投放机会。同时，用户对于个性化广告内容的接受度也在提高，有助
于提升广告变现效果。

6.2.5 融合社交元素： 短视频平台可以进一步融合社交元素，鼓励用户之间的互动和分享。社
交功能的强化可以增强用户黏性，提高用户参与度，同时也为平台带来更多的流量和用户活
跃度。

图 4.19　ChatGPT 优化报告的生成内容

4.3.4 讨论

1. 优点

a）节省编写时间：传统的行业分析报告制作方式往往需要诸多环节，包括搜集资料、分析数据、总结结论、排版编辑等。这些环节需要投入大量的时间和精力，而使用 ChatGPT 作为辅助工具则能大大提高编写效率。根据用户给出的关键词或概述，ChatGPT 能在短时间内生成内容丰富、结构严谨的报告。

b）提高报告质量：ChatGPT 在生成报告过程中，不仅可以按照用户的需求来进行个性化定制，还可以在文本中准确判断和引用行业内相关的研究报告、案例和数据。这意味着使用 ChatGPT，你的报告将具备更丰富的内容和专业性，甚至可能在你意想不到的领域带来惊喜的见解。

c）个性化定制：传统报告编写过程中，很难做到根据每个人的需求进行调整。但 ChatGPT 通过深度学习，可以理解用户的需求、调整语言风格和输出格式，并根据不同行业和领域生成相应的内容和建议。这种智能化的生成方式成为提升报告质量的有力保障。

2. 限制

虽然 ChatGPT 在文本生成方面具有很强的能力，但仍有诸多局限。第一，当前 ChatGPT 版本只能搜索到截止到 2021 年的信息，并不能找到最新的信息。第二，ChatGPT 可能会生成一些与现实背景不符的信息，或在数据正确性和一致性方面出现偏差。因此，在使用 ChatGPT 生成报告时，用户需要认真核实数据来源和信息真实性，避免出现失误。

3. 使用场景推荐

a）行业研究：ChatGPT 可以根据输入的关键词，自动生成与关键词相关的行业研究报告，包括行业背景、市场概述、技术创新、前景预测等方面。同时，还可以针对行业趋势的变化、竞争格局等问题提供有针对性的见解。

b）竞品分析：企业在开展竞品分析时，可以利用 ChatGPT 输入竞争对手的名称、核心产品或者特点等关键词，并根据需求生成针对性的竞品分析报告。此外，ChatGPT 还能帮助企业对比不同竞争对手的优劣势，为企业制定战略提供有力支持。

c）案例研究：ChatGPT 可以引用行业内的案例，为报告增加真实性和说服力。只需输入相关案例的关键词，就能生成相关案例的研究报告，提炼出案例中的经验与教训，供企业借鉴和参考。

4.3.5 小结

向 ChatGPT 书写行业分析报告的提示需要注意以下事项。

（1）研究目的和问题：介绍调研的背景和目的，明确需要解决的问题或提出的疑问。

（2）数据概况：从行业领导者公开数据了解需要的数据内容、来源、时间范围等。

（3）结果分析：根据调研目的和问题，对公开数据进行分析，包括数据的主要趋势、特征、变化、差异等。

（4）问题诊断和解决方案：根据研究结果和分析，诊断出问题的根源，并结合领导者企业对目前市场发展提出的观点，给出解决方案的思路和建议。

在实际使用过程中，与 ChatGPT 对话最大的意义并不是让它真正产生答案，而是让它以其他视角，帮助我们更好地发现自己的思维盲区，建立更完整的认知体系。通过一次一次的问答调整，每次都可以收获更丰富更完整的信息，这也是 ChatGPT 区别于搜索引擎的地方。

4.4 求职 »»»

4.4.1 背景

2023 年全国高校毕业生高达 1158 万人，许多毕业生都感到找工作变难了。有时有一两家单位提供了面试机会，但由于面试紧张，发挥不好，而丧失了宝贵的工作机会。因此，认真准备面试是找到理想工作的关键，而 ChatGPT 能帮助我们准备面试的相关事宜。

4.4.2 模拟面试官

一个比较有趣的想法是让 ChatGPT 作为面试官，从而实现模拟面试的过程。我们向 ChatGPT 输入提示：我过几天要面试 Web 前端开发岗位，你可以模拟面试官向我提问吗？ChatGPT 收到提问后，会输出 15 个最常见的 Web 前端开发岗位面试题目，见图 4.20。当然，我们也可以让 ChatGPT 输出更多的面试题目，如图 4.21 所示。

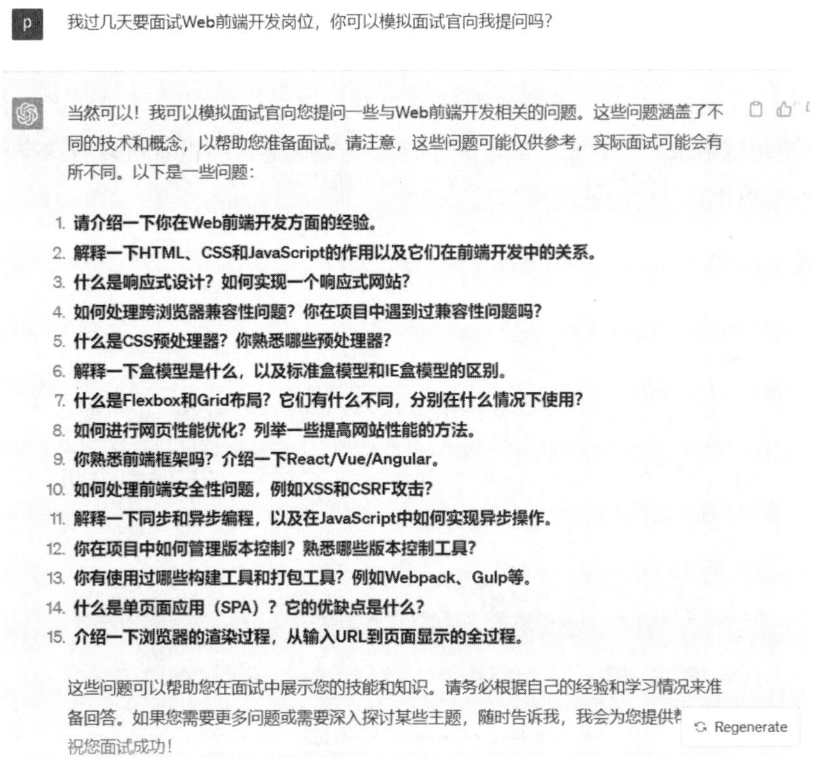
P

我过几天要面试Web前端开发岗位，你可以模拟面试官向我提问吗?

当然可以！我可以模拟面试官向您提问一些与Web前端开发相关的问题。这些问题涵盖了不同的技术和概念，以帮助您准备面试。请注意，这些问题可能仅供参考，实际面试可能会有所不同。以下是一些问题：

1. **请介绍一下你在Web前端开发方面的经验。**
2. **解释一下HTML、CSS和JavaScript的作用以及它们在前端开发中的关系。**
3. **什么是响应式设计？如何实现一个响应式网站？**
4. **如何处理跨浏览器兼容性问题？你在项目中遇到过兼容性问题吗？**
5. **什么是CSS预处理器？你熟悉哪些预处理器？**
6. **解释一下盒模型是什么，以及标准盒模型和IE盒模型的区别。**
7. **什么是Flexbox和Grid布局？它们有什么不同，分别在什么情况下使用？**
8. **如何进行网页性能优化？列举一些提高网站性能的方法。**
9. **你熟悉前端框架吗？介绍一下React/Vue/Angular。**
10. **如何处理前端安全性问题，例如XSS和CSRF攻击？**
11. **解释一下同步和异步编程，以及在JavaScript中如何实现异步操作。**
12. **你在项目中如何管理版本控制？熟悉哪些版本控制工具？**
13. **你有使用过哪些构建工具和打包工具？例如Webpack、Gulp等。**
14. **什么是单页面应用（SPA）？它的优缺点是什么？**
15. **介绍一下浏览器的渲染过程，从输入URL到页面显示的全过程。**

这些问题可以帮助您在面试中展示您的技能和知识。请务必根据自己的经验和学习情况来准备回答。如果您需要更多问题或需要深入探讨某些主题，随时告诉我，我会为您提供帮

祝您面试成功！

Regenerate

图 4.20　ChatGPT 模拟面试官提出面试问题

p 继续。

当然，请继续参考以下问题，这些问题可以帮助您更全面地准备您的Web前端开发岗位面试：

1. 什么是跨域问题？如何解决跨域请求？
2. 如何使用CSS创建动画效果？你熟悉CSS动画和JavaScript动画的区别吗？
3. 什么是闭包？在什么情况下会出现闭包？它有什么优缺点？
4. 解释一下HTTP状态码，列举一些常见的状态码及其含义。
5. 你在项目中如何进行前端测试？熟悉哪些前端测试工具和方法？
6. 什么是前端路由？介绍一下SPA中的前端路由实现方式。
7. 解释一下MVC和MVVM架构，以及它们在前端开发中的作用。
8. 你在项目中如何进行性能优化，包括页面加载速度、渲染性能等方面？
9. 介绍一下Web安全性，包括常见的攻击方式和如何防范。
10. 你在团队合作中如何与设计师和后端开发者协作？
11. 什么是组件化开发？你熟悉前端组件化的实践吗？
12. 你有使用过哪些前端开发工具，如IDE、编辑器、调试工具等？
13. 你了解什么是PWA（Progressive Web App）吗？它的优势是什么？
14. 在你的职业生涯中，遇到过的最具挑战性的前端问题是什么？你是如何解决的？
15. 你认为未来前端开发领域的发展趋势是什么？

请根据您的实际情况和知识，准备回答这些问题。除了准备好回答问题外，还要时刻保持自信和积极的态度。祝您面试顺利，取得成功！

图 4.21　ChatGPT 生成更多的面试题

4.4.3　试题解答

　　针对 ChatGPT 生成的面试题，面试者可以认真准备。若面试者并不知道面试题的答案时，可以让 ChatGPT 输出可能的面试题答案。例如，面试者对问题"什么是跨域问题？如何解决跨域请求？"并不了解，为了快速得到答案，面试者可以将这个面试题作为问题输入给 ChatGPT 回答，见图 4.22。

p 什么是跨域问题？如何解决跨域请求？

跨域问题：

跨域问题是指在浏览器中，当一个网页的 JavaScript 代码试图访问不同源（域、协议、端口）的资源时，浏览器出于安全考虑会阻止这种跨域请求。这是因为浏览器的同源策略（Same-Origin Policy）限制了不同源之间的数据交互，以防止恶意网站获取用户隐私或执行跨站点攻击。

解决跨域请求：

有多种方法可以解决跨域请求的问题，下面是一些常用的方法：

1. **CORS（跨域资源共享）**：服务器设置 CORS 头部，允许指定的域名访问资源。这是最常用的跨域解决方案。服务器在响应中添加合适的 `Access-Control-Allow-Origin` 头部，指定允许访问的域名，例如：`Access-Control-Allow-Origin: https://example.com`。

图 4.22　ChatGPT 给出面试题的答案

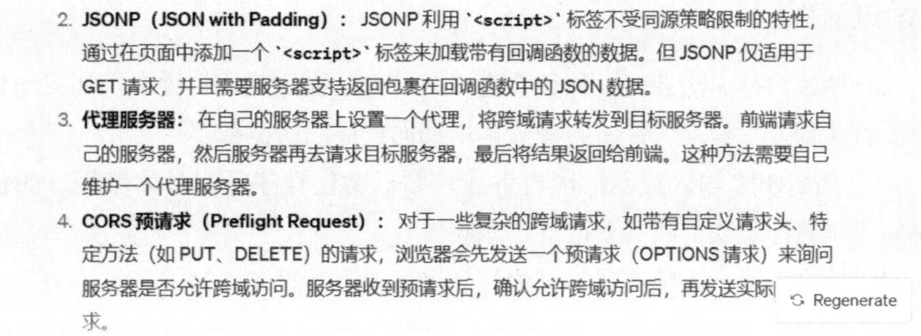

2. **JSONP（JSON with Padding）**：JSONP 利用 `<script>` 标签不受同源策略限制的特性，通过在页面中添加一个 `<script>` 标签来加载带有回调函数的数据。但 JSONP 仅适用于 GET 请求，并且需要服务器支持返回包裹在回调函数中的 JSON 数据。
3. **代理服务器**：在自己的服务器上设置一个代理，将跨域请求转发到目标服务器。前端请求自己的服务器，然后服务器再去请求目标服务器，最后将结果返回给前端。这种方法需要自己维护一个代理服务器。
4. **CORS 预请求（Preflight Request）**：对于一些复杂的跨域请求，如带有自定义请求头、特定方法（如 PUT、DELETE）的请求，浏览器会先发送一个预请求（OPTIONS 请求）来询问服务器是否允许跨域访问。服务器收到预请求后，确认允许跨域访问后，再发送实际请求。

图 4.22 （续）

4.4.4　面试建议

除了技术之外，还有其他东西会影响到面试的结果。ChatGPT 会为面试者提供面试建议，这些建议会包括技术、睡眠、着装、带上的物品、时间管理、与面试官互动等，面试者可以依据建议进行充分的准备。

向 ChatGPT 输入提示：我要面试微软的程序员，面试当天需要注意些什么？

ChatGPT 输出的面试建议如图 4.23 所示。

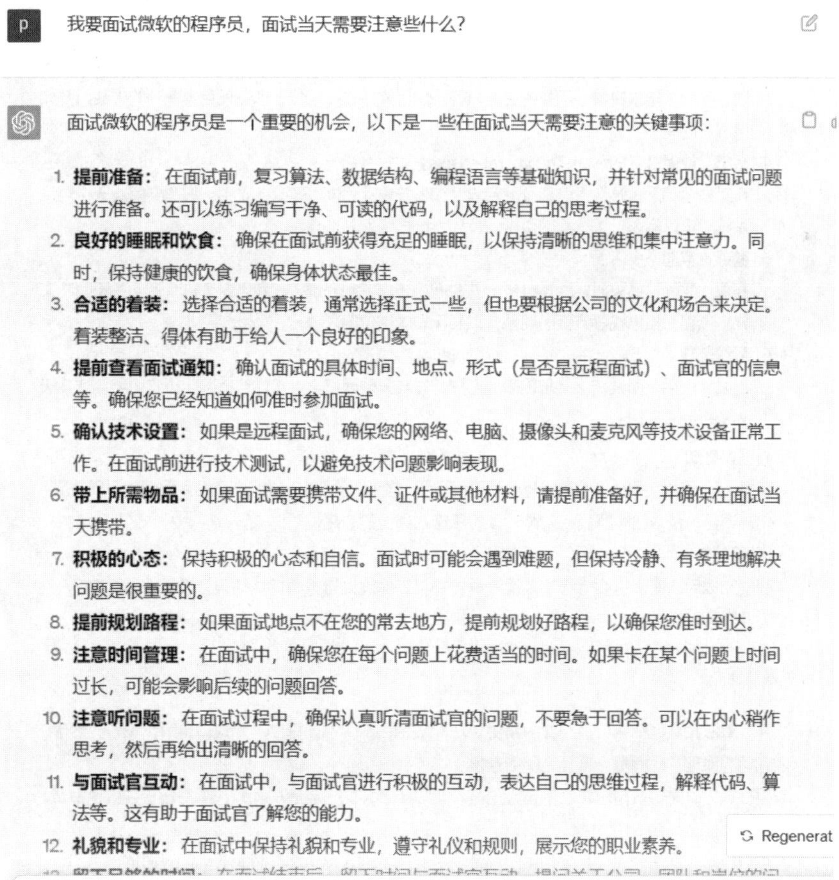

我要面试微软的程序员，面试当天需要注意些什么？

面试微软的程序员是一个重要的机会，以下是一些在面试当天需要注意的关键事项：

1. **提前准备**：在面试前，复习算法、数据结构、编程语言等基础知识，并针对常见的面试问题进行准备。还可以练习编写干净、可读的代码，以及解释自己的思考过程。
2. **良好的睡眠和饮食**：确保在面试前获得充足的睡眠，以保持清晰的思维和集中注意力。同时，保持健康的饮食，确保身体状态最佳。
3. **合适的着装**：选择合适的着装，通常选择正式一些，但也要根据公司的文化和场合来决定。着装整洁、得体有助于给人一个良好的印象。
4. **提前查看面试通知**：确认面试的具体时间、地点、形式（是否是远程面试）、面试官的信息等。确保您已经知道如何准时参加面试。
5. **确认技术设置**：如果是远程面试，确保您的网络、电脑、摄像头和麦克风等技术设备正常工作。在面试前进行技术测试，以避免技术问题影响表现。
6. **带上所需物品**：如果面试需要携带文件、证件或其他材料，请提前准备好，并确保在面试当天携带。
7. **积极的心态**：保持积极的心态和自信。面试时可能会遇到难题，但保持冷静、有条理地解决问题是很重要的。
8. **提前规划路程**：如果面试地点不在您的常去地方，提前规划好路程，以确保您准时到达。
9. **注意时间管理**：在面试中，确保您在每个问题上花费适当的时间。如果卡在某个问题上时间过长，可能会影响后续的问题回答。
10. **注意听问题**：在面试过程中，确保认真听清面试官的问题，不要急于回答。可以在内心稍作思考，然后再给出清晰的回答。
11. **与面试官互动**：在面试中，与面试官进行积极的互动，表达自己的思维过程，解释代码、算法等。这有助于面试官了解您的能力。
12. **礼貌和专业**：在面试中保持礼貌和专业，遵守礼仪和规则，展示您的职业素养。

图 4.23　ChatGPT 输出的面试建议

4.4.5 面试流程

在面试一些国内外大企业时，往往会有一些特殊的面试流程，因此，如果面试者能够提前知道面试流程并积极准备，将会极大地增加面试成功的概率。

例如，向 ChatGPT 输入提示：请告诉我，面试微软程序员的具体流程，如包含几轮面试，分别是谁来面试我，我又要准备哪些呢？

ChatGPT 收到提示后，输出了面试流程和准备要点，见图 4.24。

 请告诉我，面试微软程序员的具体流程，如包含几轮面试，分别是谁来面试我，我又要准备哪些呢？

微软的面试流程通常是多轮的，涵盖不同的面试环节，以全面评估候选人的技能和适应性。以下是一个典型的微软程序员面试流程的概述：

1. **电话初面（Phone Screen）**
   这是面试的第一轮，通常由微软的招聘团队或技术面试官进行。面试可能涉及基础知识、项目经验、技术问题等。准备阶段应重点关注基础知识和简历中的项目。

2. **技术面试轮（Technical Interviews）**
   在通过初面后，候选人会参加多轮技术面试。这些面试通常是远程进行的，每轮45-60分钟。面试官会考察候选人在算法、数据结构、编码能力等方面的能力。您可能会被要求在白板上解决算法问题、编写代码，并且在面试官的指导下讨论解决方法。

3. **行为面试轮（Behavioral Interviews）**
   除了技术能力，微软也关注候选人的团队合作、沟通能力等。行为面试轮通常关注候选人的项目经验、技术决策、问题解决能力等。您可能会被要求分享您在项目中遇到的挑战以及如何解决问题。

4. **系统设计面试（System Design Interview）**
   在某些情况下，候选人可能会被要求参加系统设计面试。在这一轮中，您需要解决一个复杂系统的设计问题，考察您的架构设计和系统思维能力。

5. **面试官互动**
   在每一轮面试结束时，通常会有一些时间用于您提问面试官。利用这个机会询问关于团队文化、项目、技术栈等方面的问题，以展示您对岗位的兴趣。

6. **后续环节**
   面试完成后，面试官会将您的表现汇总，并与其他面试官讨论评估结果。微软可能会在几天内提供面试反馈。

5. **面试官互动**
   在每一轮面试结束时，通常会有一些时间用于您提问面试官。利用这个机会询问关于团队文化、项目、技术栈等方面的问题，以展示您对岗位的兴趣。

6. **后续环节**
   面试完成后，面试官会将您的表现汇总，并与其他面试官讨论评估结果。微软可能会在几天内提供面试反馈。

准备要点：

- 复习算法和数据结构：重点复习常见算法和数据结构，例如排序、查找、链表、树等。熟悉它们的原理、时间复杂度和空间复杂度。
- 编程能力：熟练使用您熟悉的编程语言，可以用清晰的代码解决问题。练习白板编程也很重要。
- 项目经验：准备分享您在项目中的角色、贡献和挑战。展示您在解决实际问题时的能力。

图 4.24　ChatGPT 输出面试微软的流程和准备要点

- 行为面试准备：思考您的项目经验，准备清楚的故事，以展示您的领导力、团队合作和解决问题的能力。
- 系统设计：如果可能，了解常见的系统设计原则和模式，以备不时之需。
- 简历准备：熟悉您的简历，以便能够深入地讨论您的项目和技能。
- 问题准备：为面试官准备一些有关公司、团队和项目的问题，以展示您的兴趣和主动性。
- 自信和冷静：在面试中保持自信和冷静，积极地与面试官互动，展示您的技能和知识。

综合考虑，微软的程序员面试流程是相对严格的，但准备充分并保持自信的态度，您将有更大的机会在面试中脱颖而出。

图 4.24 （续）

4.4.6　疑问解答

面试人员面试后也会有许多疑问，如我的面试是否成功？我回答的是否是有效的？其实，利用 ChatGPT 可以回答这些问题。例如，向 ChatGPT 输入：如果我面试 1 个月后没有收到微软任何消息，是不是意味着我的面试是失败了？ ChatGPT 会给出一些建议来帮助面试者，见图 4.25。

如果我面试1个月后没有收到微软任何消息，是不是意味着我的面试是失败了？

并不一定。在面试后等待一段时间没有收到消息并不一定意味着您的面试失败了。微软可能需要一些时间来评估所有候选人的表现，并进行面试官之间的讨论和决策。面试流程可能因不同的岗位、部门和招聘情况而有所不同。

在等待期间，您可以考虑以下几点：

1. **耐心等待：** 微软可能需要一些时间来处理面试结果和做出决策。有时候，处理和决策流程可能会比预期的时间更长。
2. **跟进：** 如果您等待的时间超过了面试后的预期时间，您可以考虑给面试官或招聘团队发送一个礼貌的邮件，询问面试状态。这可以展示您的积极态度和对职位的兴趣。
3. **继续寻找其他机会：** 即使您在微软的面试中没有成功，也不要气馁。继续寻找其他机会，投递其他公司的岗位申请，以扩大您的选择范围。
4. **反思和改进：** 如果最终得知面试结果不成功，不要气馁。将其作为一个学习机会，回顾您在面试中的表现，寻找改进的地方，以便在将来的面试中表现更好。
5. **继续学习和准备：** 如果您继续寻找其他机会，持续学习和准备是非常重要的。持续提升您的技能，准备更多的面试题目，以便在下一次面试中取得更好的成绩。

总之，等待面试结果需要耐心和冷静，不要过早下结论。无论结果如何，都将是您成长和学习的经验，有助于您在职业道路上取得更大的成功。

图 4.25　ChatGPT 回答面试者的疑问

4.4.7　岗位推荐

有时我们并不知道自己是否适合一家单位，为此可以让 ChatGPT 对我们的信息进行评估，再给我们推荐一些适合的工作岗位。

例如，我们向 ChatGPT 输入提示：我是学计算机的，博士学历，发表过高质量的 SCI 论文 5 篇，精通 Java 和 C++，曾经用 Java 开发过几个大项目，请根据我的自身情况帮我推荐一些适合我的工作。

　　ChatGPT 会依据我们给出的信息进行岗位匹配，再给出合适的工作建议，见图 4.26。

　　此外，我们还能细化我们的信息，让 ChatGPT 做出更加适合的岗位推荐。如我们向 ChatGPT 输入提示：我是上海大学毕业的博士，今年 35 岁，曾在 IEEE TR、IST、JSS、计算机学报和软件学报上发表过一些论文，请问我适合在上海的哪些高校工作？ChatGPT 会依据我们的具体情况，给出相应的高校推荐，见图 4.27。

我是学计算机的，博士学历，发表过高质量的SCI论文5篇，精通Java和C++，曾经用Java开发过几个大项目，请根据我的自身情况帮我推荐一些适合我的工作。

您的学历和技能使您在计算机领域有着很强的竞争力，您可以考虑以下几种适合您的工作方向：

1. **研发工程师 (Software Development Engineer)**
   您的博士学历和丰富的编程经验使您成为软件开发领域的强有力候选人。您可以在大型科技公司或创业公司中担任研发工程师，负责设计、开发和维护软件项目。由于您精通Java和C++，您可以在这两个领域中找到适合您的机会。

2. **数据科学家/分析师 (Data Scientist/Analyst)**
   您的博士学历和发表的SCI论文表明您在数据分析和科学研究方面具有深厚的背景。您可以在数据科学领域寻找工作，应用您的分析技能来挖掘数据中的洞察，并为企业做出决策。

3. **人工智能/机器学习工程师 (AI/ML Engineer)**
   如果您对人工智能和机器学习有兴趣，您可以寻找人工智能或机器学习工程师的职位。您的编程和研究经验将有助于您开发智能系统、模型和算法。

4. **大数据工程师 (Big Data Engineer)**
   如果您对大数据技术感兴趣，您可以考虑大数据工程师的职位。您可以负责设计和维护大规模数据处理系统，处理和分析海量数据。

5. **区块链开发工程师 (Blockchain Developer)**
   如果您对区块链技术有兴趣，您可以寻找区块链开发工程师的职位。您可以使用您的编程技能来开发和维护区块链应用程序。

6. **软件架构师 (Software Architect)**
   您的丰富编程经验和项目开发经验使您适合成为软件架构师。您可以负责设计整个系统的架构，并指导团队在开发过程中遵循最佳实践。

7. **高校教职 (Academic Positions)**
   考虑您的博士学历和发表的高质量SCI论文，您也可以考虑在大学或研究机构从事教学和研究工作，培养下一代计算机科学家。

图 4.26　ChatGPT 依据个人条件进行岗位推荐

我是上海大学毕业的博士，今年35岁，曾在IEEE TR、IST、JSS、计算机学报和软件学报上发表过一些论文，请问我适合在上海的哪些高校工作？

您拥有博士学位以及在国内外知名期刊上发表过论文的丰富学术经验，这使您在上海的高校工作市场具有很高的竞争力。上海是中国重要的教育和研究中心，拥有许多优质的高等教育机构。以下是一些您可能适合考虑的上海高校：

1. **上海大学**
   作为您的母校，上海大学可能会考虑吸引有丰富学术经验的博士加入教职团队。您的校友身份可能为您在该校寻找职位提供优势。

图 4.27　ChatGPT 对博士入职高校的推荐

2. **东华大学**
   该校在计算机科学与技术、信息工程等领域也有相关学科和研究方向，可能提供适合您的教职机会。

3. **上海师范大学**
   上海师范大学也在计算机科学与技术、教育技术等方面有相关研究，您的背景可能适合在该校寻找职位。

4. **华东理工大学**
   该校在工程技术领域有很高的声誉，可能在计算机工程、软件工程等方面提供相关的职位。

5. **上海外国语大学**
   如果您在自然语言处理、人工智能与语言处理等领域也有研究兴趣，该校可能会提供适合您的职位。

6. **上海海洋大学**
   如果您在海洋信息技术、水下机器人等方面有研究兴趣，该校可能会提供相关职位。

在考虑申请高校教职时，您可以关注这些高校的学科特长、研究方向和师资队伍。准备一份包含您的学术成就、发表的论文、教学经验（如果有的话）和研究计划的综合简历和申请材料，以便向相关高校提交申请。同时，保持积极的态度，关注适合您的高校职位的招聘信息并进行申请。

图 4.27　（续）

4.5　音乐创作 »»»

4.5.1　背景

虽然 ChatGPT 不是一个专门的音乐创作工作，但是它可以生成音乐，可以为音乐制作者提供灵感，可以模仿名人创作新的音乐。本节将给读者介绍如何使用 ChatGPT 创作音乐。

4.5.2　写歌模板

ChatGPT 写歌是按照一个格式模板进行，该格式如下：

- Verse 1（节 1）
- Pre-Chorus（预备副歌）
- Chorus（副歌）
- Verse 2（节 2）
- Pre-Chorus（预备副歌）
- Chorus（副歌）
- Bridge（过渡）
- Chorus（副歌）
- Outro（结尾）

这个歌曲创作模板符合我们目前大多数的歌曲样式，ChatGPT 通过理解我们给的歌曲主题，套用模板实现歌曲的创作。

4.5.3 写歌实例

我们向 ChatGPT 输入提示：请写一首名为《日不落的咚巴拉》的歌曲。

ChatGPT 首先分析歌曲的主题"日不落的咚巴拉"，随后，利用其强大的学习能力，分析了有关"日不落"和"咚巴拉"主题的文本资料，再按照歌曲模板生成了歌曲《日不落的咚巴拉》，见图 4.28。

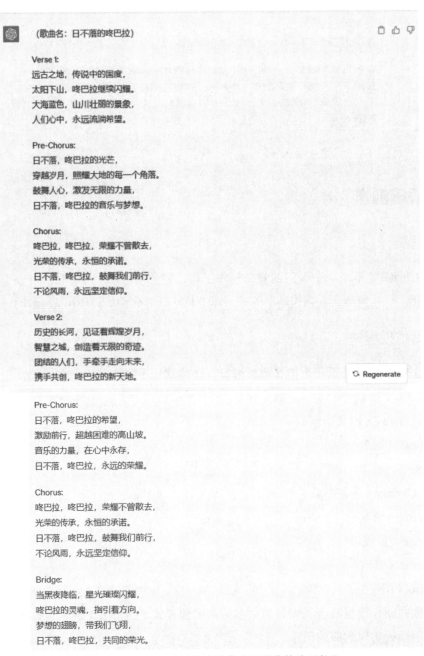

图 4.28　ChatGPT 创作的歌曲"日不落的咚巴拉"

Chorus:

咚巴拉，咚巴拉，荣耀不曾散去，
光荣的传承，永恒的承诺。
日不落，咚巴拉，鼓舞我们前行，
不论风雨，永远坚定信仰。

Outro:

咚巴拉的旋律，在心中回荡，
日不落的光芒，与我们同在。
咚巴拉，咚巴拉，永远的荣耀，
日不落，咚巴拉，我们的梦想。

图 4.28　（续）

4.5.4　谱曲

（1）版权问题

歌词创作好后，我们希望对歌词进行谱曲。一般谱曲也分为两种，一种是通用谱曲，另一种是为某个特定歌手谱曲。非常遗憾的是，出于对版权的保护，更新版本后的 ChatGPT 无法完成为歌词谱曲的任务，见图 4.29。

> **p**　请尝试用腾格尔的歌曲"天堂"来为上述歌曲进行谱曲。

> 很抱歉，由于腾格尔的歌曲《天堂》是一首受版权保护的作品，我不能为您直接将其歌词用于上述歌曲的谱曲。不过，您可以根据腾格尔的歌曲《天堂》的旋律和节奏，尝试进行修改和创作，以使其适应您的歌词和主题。这样您就可以创作出与您的歌词相匹配的独特音乐作品。记得在进行创作时遵循版权法律，以确保您的作品不会侵犯他人的版权。

> **p**　能否改编《天堂》的曲谱，实现为《日不落的咚巴拉》谱曲呢？

> 很抱歉，由于涉及到著名歌曲的改编和版权问题，我不能直接为您提供改编后的曲谱。然而，您可以根据自己的音乐创作能力和创意，尝试将《天堂》的旋律和和声进行改编，以适应您的歌词和主题。这样您就可以创作出一首与您的歌词相匹配的独特音乐作品，同时避免版权问题。如果您需要音乐方面的帮助，建议您寻求专业音乐家或作曲家的意见和帮助。

图 4.29　ChatGPT 谱曲时遇到的版权问题

（2）解决方案

为了解决上述问题，我们可以通过引导 ChatGPT 输出一些类似的歌曲曲谱。例如，我们向 ChatGPT 输入提示：请推荐一些类似《日不落的咚巴拉》的曲谱。ChatGPT 会给出一些类似的歌曲名单，见图 4.30。

随后，我们在我们询问 ChatGPT 关于"We Will Rock You"的曲谱时，ChatGPT 给出了歌曲开头的简单鼓击节奏，但出于 ChatGPT 开发团队给的一些内部策略，ChatGPT 的输出还是被禁止，见图 4.31。

请推荐一些类似《日不落的咚巴拉》的曲谱。

 很抱歉，我无法直接为您提供曲谱。不过，我可以为您推荐一些与《日不落的咚巴拉》类似的歌曲，这些歌曲在音乐风格或主题方面可能与您所描述的歌曲有些相似。您可以借鉴这些歌曲的音乐元素，以创作出适合您歌词的独特作品。以下是一些可能适合的歌曲：

1. "We Will Rock You" - 皇后乐队
2. "Eye of the Tiger" - Survivor
3. "I Will Survive" - Gloria Gaynor
4. "You Raise Me Up" - Josh Groban
5. "Hero" - Mariah Carey
6. "Stronger" - Kanye West
7. "Believe" - Cher
8. "Hall of Fame" - The Script ft. will.i.am
9. "I'm Still Standing" - Elton John
10. "Fight Song" - Rachel Platten

这些歌曲可能在鼓舞人心、激励人们、传递希望等方面与您的歌曲有一些相似之处。您可以通过欣赏这些歌曲，寻找灵感并从中获得创作的灵感。如果您希望创作出完全独特的作品，可以融合不同的音乐元素，打造属于您自己的风格。

图 4.30　ChatGPT 推荐类似歌曲名单

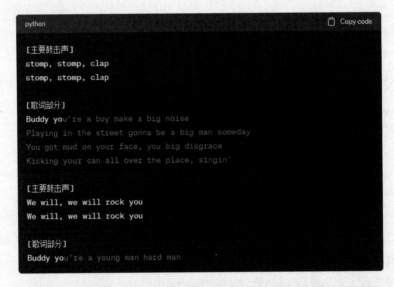

图 4.31　ChatGPT 提供了歌曲的部分鼓击节奏

针对上述问题，我们建议利用常规的搜索引擎，如百度、必应、Google 等搜索，找出歌曲的曲谱，见图 4.32。

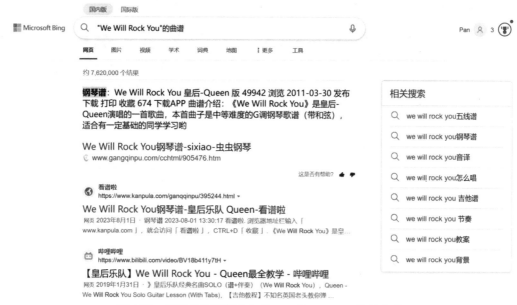

图 4.32　利用必应搜索歌曲"We Will Rock You"的曲谱

通过这种折中的方式，我们可以利用百度、微软 Bing 等搜索引擎搜索类似的音乐，再将曲谱输入给 ChatGPT，让 ChatGPT 进行模仿，达到谱曲的目的。

4.5.5　创作

虽然，由于版权原因，ChatGPT 不能为创作的歌曲谱曲，但是它仍然可以为我们创作曲谱。比如，我们向 ChatGPT 输入提示：能帮我创作类似贝多芬的音乐吗？我要创作蜜蜂题材的钢琴曲。

ChatGPT 收到我们给出的提示后，创作了曲名为"蜜蜂之舞"的乐谱，见图 4.33。

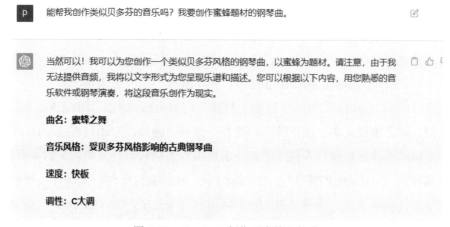

图 4.33　ChatGPT 创作了蜜蜂之舞曲

乐谱：

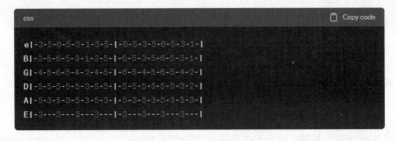

描述：

这首钢琴曲以C大调为基础，快板的节奏为整首曲子注入了活力。开头的旋律描绘了蜜蜂在花丛中忙碌的画面，高低起伏的音符仿佛是蜜蜂的飞翔轨迹。接着的部分增加了一些层次感，如同蜜蜂在花朵之间飞舞。后半部分逐渐回到了主题，展现出蜜蜂的欢快舞蹈。

请根据这个乐谱进行钢琴演奏，并根据自己的感觉加入情感和表现。如果您需要更多的乐谱或音乐元素，或者需要进行一些修改，请随时告诉我，我将乐意为您提供帮助。

图 4.33 （续）

4.5.6 小结

ChatGPT 具有音乐创作功能，但受限于知识产权等因素，ChatGPT 在生成乐谱方面受到了诸多限制。一个有用的方法是通过不断尝试，让 ChatGPT 认为你生成的乐谱并不在知识产权保护范围，或者只是在帮你完成一个音乐的创作，则可以绕过限制，生成相应的乐谱。

4.6 编写程序 »»»

4.6.1 背景介绍

2021 年 6 月 29 日，微软与 OpenAI 共同推出了一款 AI 编程工具 GitHub Copilot。该工具一经推出就引起了广泛的关注和讨论，它可以自动识别上下文、代码风格和语法，生成符合开发者意图的代码。它不仅可以自动生成常见的代码片段、函数和类，还可以根据上下文生成复杂的代码结构，例如条件语句、循环结构、异常处理等。

2022 年 11 月，ChatGPT 被推出后成了最受欢迎的生成式人工智能工具。作为一个大型语言模型，除了生成文本、创作音乐、推荐工作等功能外，它还具有编写程序代码的功能。对程序员或者计算机爱好者而言，有时需要编写大量代码以及学习新的编程概念或解决特定的编程问题。ChatGPT 可以作为智能助手，提供编程示例、代码片段和解决方案。无论是在学习一门新语言，还是在探索一个陌生的库或框架，ChatGPT 都可以提供实时的帮助和指导。

除了学习计算机领域的新技术外，ChatGPT 还可以在调试过程中发挥关键作用。当遇到代码中的错误或难以理解的行为时，ChatGPT 可以快速定位问题所在位置，并提供修复建议。通过与 ChatGPT 的交互，可以更快地解决问题，节省大量的调试时间。

此外，ChatGPT 还可以用于自动化繁琐的编码任务。过去，编写重复性的代码、进行数据处理和格式转换等任务往往消耗了大量的时间和精力，而利用 ChatGPT 生成代码可以简化这些工作，极大地提高了效率。同时，ChatGPT 还可以用于生成测试数据、执行单调的重构操作等，使得程序员能够将更多的时间投入解决复杂问题和创造性的工作中。

4.6.2　复杂工程问题

为了评估 ChatGPT 的能力，我们为 ChatGPT 构造了一个复杂工程问题：

台风记录数据集（winds-cm.csv）记录了 2014 年某区域发生的台风信息，包括台风名、台风等级、气压（百帕）、移动速度（公里 / 时）、纬度、经度、记录数、顺序、风速（米 / 秒）等 9 个属性，其中台风等级从弱到强表示为数字 1-6。试分析与台风等级相关的特征，并建立等级判别模型。具体要求如下。

1）从文件中读出台风数据；

2）数据集中表示台风等级 level 有六个等级为：热带低压、热带风暴、强热带风暴、台风、强台风、超强台风。将台风等级字符串依次替换为数字数据（1-6）。

3）计算台风的各个特征与台风等级的相关性，筛选出相关性较高（相关系数 >0.6）的特征建立数据集；

4）绘制图形展示筛选出的特征与台风等级的相关性；

5）按照合适比例将分析数据分为训练集和测试集；

6）在训练集上建立分类模型，至少选用两种分类算法建立模型；

7）在测试集上测试分类模型的性能；

8）根据第 6）步的运行结果，说明分类模型在台风等级判别上的性能。请将结果用文字描述在程序文件给出的注释行中。

对 ChatGPT 而言，上述这个问题涉及中文语言理解、问题的分析、按照问题的要求编写代码、代码框架选择等等。为此，对 ChatGPT 而言，这就是一个复杂工程问题。

4.6.3　代码生成

当我们将上述复杂工程问题输入 ChatGPT 之后，ChatGPT 为我们输出了一段 Python 代码，实现了该问题的解决，见图 4.34。

由图 4.34 可知，ChatGPT 生成的代码是按照 4.6.2 节中复杂工程问题的 8 个问题而来，每一段代码都完美地解决了一个问题，并且给予了必要的解释。因此，虽然 ChatGPT 不是专门为编写代码而设计的，但是通过大量的编程代码的训练，使得 ChatGPT 具备良好的代码生成能力。

p 台风记录数据集（winds-cm.csv）记录了2014年某区域发生的台风信息，包括台风名、台风等级、气压（百帕）、移动速度（公里/时）、纬度、经度、记录数、顺序、风速（米/秒）等9个属性，其中台风等级从弱到强表示为数字1-6。试分析与台风等级相关的特征，并建立等级判别模型。具体要求如下：

1) 从文件中读出台风数据；

2) 数据集中表示台风等级level有六个等级为：热带低压、热带风暴、强热带风暴、台风、强台风、超强台风。将台风等级字符串依次替换为数字数据（1-6）。

3) 计算台风的各个特征与台风等级的相关性，筛选出相关性较高（相关系数>0.6）的特征建立数据集；

4) 绘制图形展示筛选出的特征与台风等级的相关性；

5) 按照合适比例将分析数据分为训练集和测试集；

6) 在训练集上建立分类模型，至少选用两种分类算法建立模型；

7) 在测试集上测试分类模型的性能；

8) 根据第6)步的运行结果，说明分类模型在台风等级判别上的性能。请将结果用文字描述在程序文件给出的注释行中。

很明显，您需要进行数据分析和机器学习建模。虽然我不能直接运行代码，但我可以为您提供一份大致的Python代码框架，供您参考和使用。以下是一个可能的实现步骤：

```python
import pandas as pd
import numpy as np
import matplotlib.pyplot as plt
from sklearn.model_selection import train_test_split
from sklearn.preprocessing import LabelEncoder
from sklearn.ensemble import RandomForestClassifier
from sklearn.svm import SVC
from sklearn.metrics import classification_report, accuracy_score
```

```python
# 1. 读取台风数据
data = pd.read_csv('winds-cm.csv')

# 2. 将台风等级字符串转换为数字
label_encoder = LabelEncoder()
data['level'] = label_encoder.fit_transform(data['level'])

# 3. 计算特征与台风等级的相关性
correlation_matrix = data.corr()
high_correlation_features = correlation_matrix[abs(correlation_matrix['level

# 4. 绘制特征与台风等级的相关性图
plt.figure(figsize=(10, 9))
plt.bar(high_correlation_features.index, high_correlation_features['level'])
plt.xlabel('Features')
plt.ylabel('Correlation with Level')
plt.title('Correlation between Features and Typhoon Level')
plt.xticks(rotation=45)
plt.show()

# 5. 数据集划分
X = data.drop(['level', 'name'], axis=1)  # 'name'不作为特征
y = data['level']
```

图 4.34　ChatGPT 为复杂工程问题生成代码

```
X_train, X_test, y_train, y_test = train_test_split(X, y, test_size=0.2, ran

# 6. 建立分类模型
models = {
    'RandomForest': RandomForestClassifier(random_state=42),
    'SVM': SVC(random_state=42)
}

for model_name, model in models.items():
    model.fit(X_train, y_train)
```
⟳ Reger

图 4.34　（续）

特别注意：由于 ChatGPT 并不能直接运行代码，因此有时 ChatGPT 生成的代码未必能够直接运行，还需要程序员对其进行修改、调试和完善。

4.6.4　代码调试

ChatGPT 除了生成代码外还具有代码 bug 的修复能力。ChatGPT 通过建议错误的潜在原因来调试代码，并提供解决方案来修复它们。当程序员在他们的代码中遇到错误时，他们可以将错误信息或代码片段输入 ChatGPT，它可以分析代码并建议可能的解决方案来修复错误。

例如，在以下代码中存在 3 个错误。错误 1 是变量 mean 的类型不应该是 int 型，而是 double 或者 float 型。错误 2 是变量 sum 没有被赋予初始值。错误 3 是变量 i 的初始值应该是从 0 开始，而不是从 1 开始。

```java
public static void Avg(int[] num)
{
    int len=num.length;
    int mean, sum;
        for(int i=1; i<len ;i++)
            sum+=num[i];
    mean=sum/len;
    System.out.println("mean: "+mean);
}
```

当我们将上述代码输入 ChatGPT，并要求 ChatGPT 找出代码中的错误时，ChatGPT会很快找到程序中的 3 个错误，并且给出修复错误后的代码，见图 4.35。

p　请找出下列代码中的bugs：public static void Avg(int[] num)
```java
{
    int len=num.length;
    int mean, sum;
      for(int i=1; i<len ;i++)
        sum+=num[i];
    mean=sum/len;
    System.out.println("mean: "+mean);
}
```

图 4.35　ChatGPT 找出程序中的错误并给出修复错误后的代码

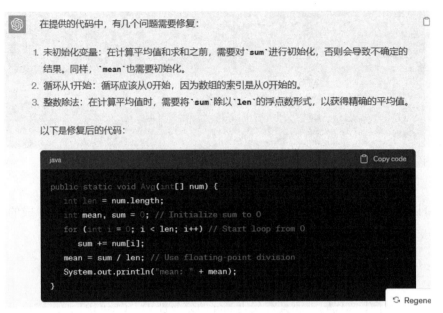

图 4.35 （续）

注意：由于 ChatGPT 是一个大语言模型，并不能真正地编译和运行程序，为此，有些程序中的错误 ChatGPT 是找不出来，但 ChatGPT 还是会一本正经地告知错误位置和错误来源。建议对 ChatGPT 修正后的代码再次运行，以便确认代码的有效性。

4.6.5 代码补全

ChatGPT 可以帮助补全代码，根据上下文和现有代码预测下一行或下一节代码。这可以为那些可能不记得他们正在使用的编程语言的所有语法和功能的程序员节省时间和精力。代码补全还可以通过建议正确的语法和格式来减少错误。

例如，我们向 ChatGPT 输入一段如下挖去若干代码的程序，然后让它补全相应代码。

```c
#include <stdio.h>
main()
{
    int a,b,d;
      char ch;
      printf("Please input a expression:");
      scanf("%d%c%d",                );
      switch(ch)
      {
      case '+':d=a+b;
          printf("%d+%d=%d\n",a,b,d);
          break;
      case '-':d=a-b;
          printf("%d-%d=%d\n",a,b,d);
      break;
      case '*':d=a*b;
```

```
        printf("%d*%d=%d\n",a,b,d);
        break;
    case '/':
        if(              )
            printf("Divisor is zero\n");
        else
            printf("%d/%d=%f\n",a,b,(        )a/b);    /*强制类型转换*/
        break;
    default:
        printf("Input Operator error!\n");
}   }
```

ChatGPT 会直接输出一段被补全的代码，同时指出这段代码是用 C 语言编写，见图 4.36。

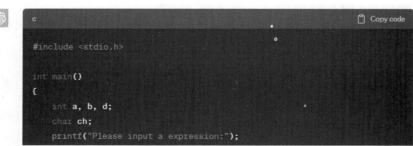

图 4.36 ChatGPT 补全代码

```
scanf("%d%c%d", &a, &ch, &b);

switch (ch)
{
case '+':
    d = a + b;
    printf("%d+%d=%d\n", a, b, d);
    break;
case '-':
    d = a - b;
    printf("%d-%d=%d\n", a, b, d);
    break;
case '*':
    d = a * b;
    printf("%d*%d=%d\n", a, b, d);
    break;
case '/':
    if (b == 0)
        printf("Divisor is zero\n");
    else
        printf("%d/%d=%.2f\n", a, b, (float)a / b); /*强制类型转换*/
    break;
default:
    printf("Input Operator error!\n");
```

图 4.36 （续）

4.6.6 代码重构

ChatGPT 可以建议如何优化和改善代码结构、可读性和性能。重构涉及修改现有的代码，在不改变其行为的情况下提高其质量。ChatGPT 可以提供改变变量名称的建议，删除多余的代码，以及其他可以使代码更有效、更容易被其他程序员理解的改进。

例如，以下是一段关于折扣计算的代码，我们让 ChatGPT 对代码进行代码重构。

```python
def calculate_price(quantity, price):
    total =quantity *price
    if total >=100:
        discount=0.1
    else:
        discount=0
    final_price = total*(1-discount)
    return final_price
```

ChatGPT 收到我们给出的提示后，返回了如下的代码：

```python
def calculate_price(quantity, price):
    # Calculate the total price before discount
    total_price = quantity * price

    # Apply discount if total price is >= 100
    if total_price >= 100:
        discount_rate = 0.1  # 10% discount
```

```
else:
    discount_rate = 0    # No discount

# Calculate final price after applying discount
final_price = total_price * (1 - discount_rate)

return final_price
```

对比原始代码，ChatGPT 给出重构后代码使用了更具有可读性和模块化的变量命名，并添加了注释来解释代码的功能。这些改变会使得代码的可读性更强，更易于被维护。

4.6.7 代码文档

当我们将代码输入 ChatGPT 时，它可以根据编程语言和被记录的代码类型建议适当的文档模板。例如，我们向 ChatGPT 输入提示：请建议一个 Python 函数文档模板，包括参数、返回值和函数的目的描述。ChatGPT 会给我们返回一个标准的 Python 函数文档模板示例，见图 4.37。

图 4.37　ChatGPT 生成的 Python 函数文档模板

在实践应用这个模板过程中，需要替换以下部分：

• function_name：函数的名称。

• Brief description of the function's purpose：简要描述函数的目的和功能。

• This function [provide a brief overview of what the function does]：详细描述函数的功能、作用等信息。

• param1 (type)：参数的名称和类型。

• Description of parameter 1：参数的详细描述。

• type：返回值的类型。

• Description of the return value. Explain what the function returns.：描述函数的返回值的含义和用途。

• Example：提供一个示例，展示如何调用函数以及预期的输出结果。

• result = function_name(example_param1, example_param2)：用实际参数替代 example_param1 和 example_param2，展示函数的实际使用。

• Explain the expected output in the example：在示例中解释预期的输出结果。

4.6.8　生成代码片段

ChatGPT 能够根据用户的输入和要求，生成各种编程语言的代码片段。代码片段是一小段代码，展示了一种编程语言的特定特征、功能或技术。代码片段对于说明如何在代码中执行一个特定的任务或解决一个问题非常有用，可以作为更复杂的编程项目的一个起点。

例如，我们向 ChatGPT 输入提示：请用汇编语言生成一段调用打印机的代码片段。ChatGPT 会先解释一下汇编语言代码的特点，再生成一段汇编代码，见图 4.38。

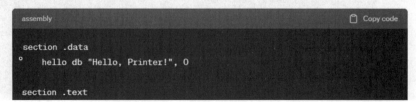

图 4.38　ChatGPT 生成一段汇编语言代码

```
    global _start

_start:
    ; syscall number for write: 4
    mov eax, 4

    ; file descriptor for stdout: 1
    mov ebx, 1

    ; address of the string to print
    mov ecx, hello

    ; length of the string
    mov edx, 14

    ; invoke the syscall
    int 0×80

    ; syscall number for exit: 1
    mov eax, 1
```

图 4.38　（续）

4.6.9　解释编码技术和概念

ChatGPT 可以提供编程概念、语法和功能的解释和例子，这对学习和理解编程语言很有帮助。这对可能不熟悉编程概念的初级程序员或正在使用新编程语言的有经验的程序员特别有用。

例如：我们向 ChatGPT 输入提示：什么是 J2EE 技术，请给个实例演示这个技术。

对于这个问题，ChatGPT 搜索已有知识，给出 J2EE 技术的概念，再用一个实例演示 J2EE 的应用，见图 4.39。

　什么是J2EE技术，请给个实例演示这个技术。

Java 2 Platform, Enterprise Edition（J2EE），现在称为Java EE（Java Platform, Enterprise Edition），是一种用于构建大规模、可扩展、企业级应用程序的Java技术平台。它提供了一套功能丰富的API（应用程序编程接口）和服务，用于开发、部署和管理企业级应用程序，如Web应用程序、分布式应用程序、事务处理系统等。

J2EE（Java EE）的核心组件包括Servlets、JSP（JavaServer Pages）、EJB（Enterprise JavaBeans）、JMS（Java Message Service）等，这些组件可以协同工作，为企业级应用程序提供了可靠性、安全性、可扩展性和高性能。

以下是一个简单的J2EE（Java EE）示例，演示如何使用Servlet和JSP创建一个简单的Web应用程序：

1. 创建一个名为 `HelloWorldServlet.java` 的Servlet类：

图 4.39　ChatGPT 对 J2EE 技术的解释和实例演示

```java
import java.io.IOException;
import javax.servlet.ServletException;
import javax.servlet.http.HttpServlet;
import javax.servlet.http.HttpServletRequest;
import javax.servlet.http.HttpServletResponse;

public class HelloWorldServlet extends HttpServlet {
    protected void doGet(HttpServletRequest request, HttpServletResponse res
            throws ServletException, IOException {
        response.setContentType("text/html");
        response.getWriter().println("<html><body><h1>Hello, World!</h1></bo
    }
}
```

1. 创建一个名为 `index.jsp` 的JSP页面:

```jsp
<!DOCTYPE html>
<html>
<head>
    <title>Hello World JSP</title>
</head>
<body>
    <h1>Hello from JSP!</h1>
</body>
</html>
```

1. 配置 `web.xml` 文件, 将 `HelloWorldServlet` 映射到URL:

```xml
<?xml version="1.0" encoding="UTF-8"?>
<web-app xmlns="http://xmlns.jcp.org/xml/ns/javaee"
        xmlns:xsi="http://www.w3.org/2001/XMLSchema-instance"
        xsi:schemaLocation="http://xmlns.jcp.org/xml/ns/javaee http://xmlns
        version="4.0">
    <servlet>
        <servlet-name>HelloWorldServlet</servlet-name>
        <servlet-class>HelloWorldServlet</servlet-class>
    </servlet>
    <servlet-mapping>
        <servlet-name>HelloWorldServlet</servlet-name>
        <url-pattern>/hello</url-pattern>
    </servlet-mapping>
</web-app>
```

图 4.39 (续)

4.6.10　小结

由于 ChatGPT 已经对海量的代码进行了训练，因此它具备了代码生成、修改、重构、bug 查询、文档生成、技术讲解等众多功能。但需要注意的是，由于 ChatGPT 没有编译能力，因此不能运行代码，也不能完全保证生成代码的正确性，为此，需要将那些生成的代码再次编译和运行。

4.7　英文简历编修 »»»

4.7.1　背景

写英文简历一直令许多中国人感到头疼，如何将简历写得既正确又吸引人，对于不是英文母语的人士而言是相当困难的。虽然网络上有很多类似"英文简历编写攻略"的教程，但许多人看完之后还是不知道该怎么写自己的英文简历，导致很多人最后还是去找翻译公司去编修自己的英文简历。

随着类似 ChatGPT 的 AI 工具出现，编修简历再也不用求人。本节将讲解如何使用 ChatGPT 帮自己修改英文简历，通过实例来分享该问什么问题、下什么指令，让 ChatGPT 能更有效地实现简历编修。本节使用 ChatGPT 分别为前端工程领域和 UI/UX 设计领域的工程师创建两份简历。

4.7.2　步骤

以下几个步骤可以轻松地将中文简历转换为一份被精修过的英文简历。

步骤 1：将中文简历中的内容拷贝到类似 Google 翻译的软件中，翻译成英文（注意：ChatGPT 也是可以直接进行汉译英，但我们先让 Google 翻译的原因是 ChatGPT 的中文处理速度较慢）。

步骤 2：把翻译好的简历，输入 ChatGPT 中，然后输入提示：Critique the following experience on a resume。这句的意思是让 ChatGPT 来评论简历，提出改正意见。

步骤 3：在 ChatGPT 回复后，接着输入提示：Rewrite the above resume bullet points using the suggestions you provided。这句的意思是让 ChatGPT 依据它刚刚给出的建议来改写简历。

步骤 4：改写完第一版后简历可能还有可以优化的空间，这时我们可以根据英文简历编写的要点，让 ChatGPT 进一步优化。比如，在一份好的英文简历中，需要用过去式强动词开头撰写作者的经历，以及要有质性描述或量化数据支持。因此可以向 ChatGPT 输入："Polish the above with strong action verbs" 或 "Polish the above quantitatively and qualitatively"。这两句话的意思是让 ChatGPT 进一步用强动词改写，以及进一步优化质性描述或量化数据的撰写。

步骤 5：有时候 ChatGPT 会写到"忘我"，所以改出来的东西会很长。如果想要 ChatGPT 输出简短的句子，可以输入提示"Make it more concise"来请 ChatGPT 帮忙缩写句子。

4.7.3 示例

依据上一节提到的 5 个转换步骤，本节将采用一份前端工程师简历中的 5 项技能进行案例演示。这 5 项技能包括：

- 使用 React、Tailwind CSS 作为基础进行开发线上编辑器；
- 基础网页功能与 RWD 设计；
- 设计 Server-side 渲染、设置 OG(Open Graph) meta tag 提升网站 SEO；
- 以 Fabric.js 为本体实现编辑器拖曳功能；
- 采用 Redux 整合多个复杂 Reducer，并使用 immer.js 进行状态更新。

步骤 1：将上述 5 项技能输入 Google 翻译，得到相应的英文，如图 4.40 所示。

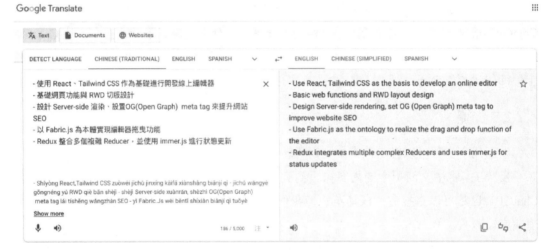

图 4.40　Google 翻译后的内容

步骤 2：将翻译后的内容输入 ChatGPT 中，然后输入：Critique the following experience on a resume。ChatGPT 会给出非常详细的建议，包含提到原本的简历撰写少了脉络与细节，以及如果有提到功能与专案的范围、影响力会更好，见图 4.41。

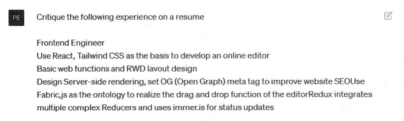

图 4.41　ChatGPT 给出的简历修改建议

Overall, the experience you've described on your resume highlights your role as a Frontend Engineer and your involvement in developing an online editor using various technologies. While your experience is certainly valuable, there are a few areas where you could enhance the clarity and impact of your description:

1. **Clarity and Structure**: The description appears to be a bit fragmented and lacks a clear structure. Consider organizing your experience into bullet points for better readability and understanding.
2. **Project Scope and Complexity**: Provide a brief overview of the project's scope, objectives, and any challenges you encountered. This can help the reader understand the context of your work.
3. **Specific Accomplishments**: Highlight specific accomplishments within the project. For instance, what features did you implement in the online editor? Did you improve the performance or user experience in any way?
4. **Technologies and Tools**: While you mention using React, Tailwind CSS, Fabric.js, and Redux, it might be beneficial to briefly explain how you utilized these technologies to ach~~~~ project's goals. This could include mentioning specific components or features y~~~~

☐ Stop generating

图 4.41 （续）

步骤 3：输入提示：Rewrite the above resume bullet points using the suggestions you provided，让 ChatGPT 帮忙针对它自己提出的建议进行第一轮的修改，见图 4.42。

PE　Rewrite the above resume bullet points using the suggestions you provided

Certainly! Here's the revised version of the resume experience description, incorporating the suggestions I provided:

Frontend Engineer

Company Name, Location | Dates

- Spearheaded the development of a cutting-edge online editor using React and Tailwind CSS, resulting in a user-friendly interface with enhanced functionality.
- Orchestrated the implementation of responsive web design (RWD) principles, ensuring seamless performance across diverse devices and screen sizes.
- Engineered server-side rendering and bolstered website SEO by strategically integrating Open Graph (OG) meta tags.
- Leveraged Fabric.js to seamlessly integrate drag-and-drop capabilities into the editor, streamlining user content creation and manipulation.
- Orchestrated the integration of Redux with intricate Reducers, harnessing the power of immer.js for efficient status updates and state management.
- Collaborated cross-functionally to synchronize design elements and backend development, fostering transparent communication and optimizing workflows.
- Overcame intricate technical hurdles focused on performance optimization, culminat~~ an impressive 20% reduction in page load times.

↻ Regenerate

图 4.42　ChatGPT 根据自己提出的建议修改了简历

步骤 4：由于第一轮修改后的简历缺少一些质性描述与量化数据，所以输入提示：Polish the above quantitatively and qualitatively，让 ChatGPT 进行第二轮编修，见图 4.43。

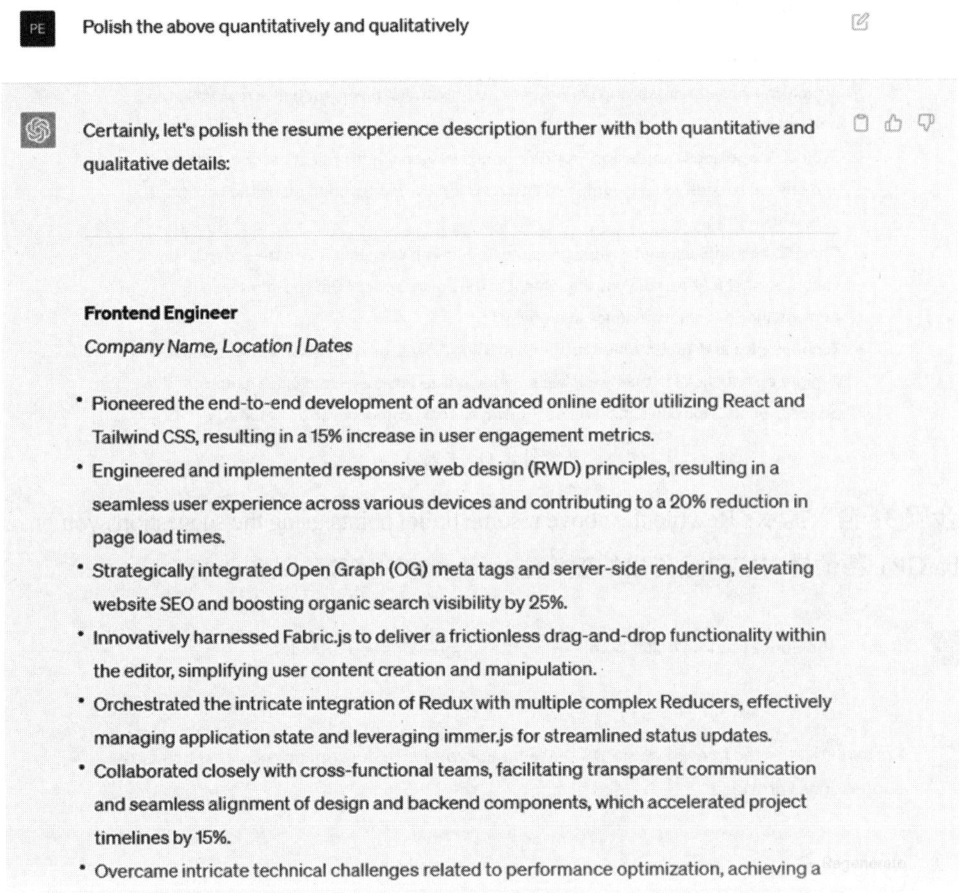

图 4.43　ChatGPT 对简历添加质性描述与量化数据

注意：由图 4.43 可知，ChatGPT 的厉害之处是它会根据你提供的点，帮你想一些可以添加的量化数据。

步骤 5：在 ChatGPT 的第二修改后，简历中的一些句子还是太长，显得有些冗长，为此可以向 ChatGPT 输入：Make it more concise，来让它帮忙缩写句子，见图 4.44。

在让 ChatGPT 缩完简历后，会得到一个简短的版本。当然也可以自行用长的版本跟短的版本来进行组合，生成最适合的简历版面，即采用以下内容作为前端工程师 5 项技能的描述：

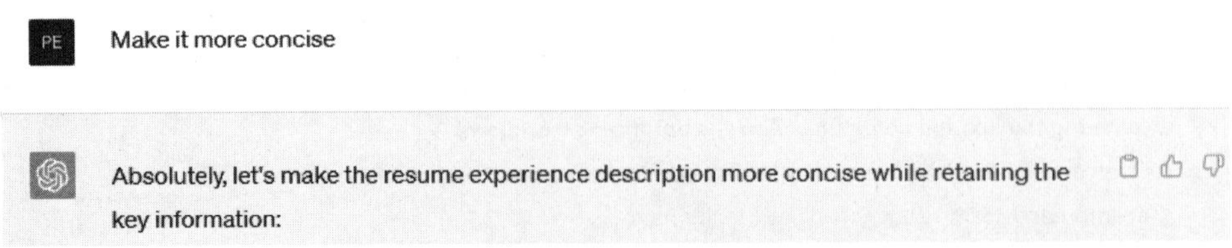

图 4.44　ChatGPT 对简历中的句子进行简化

Frontend Engineer

Company Name, Location | Dates

* Led development of an advanced React-based online editor, boosting user engagement by 15%.
* Implemented responsive design, cutting load times by 20%, and increasing cross-device usability.
* Enhanced SEO with Open Graph tags and server-side rendering, elevating organic search visibility by 25%.
* Streamlined content creation with Fabric.js drag-and-drop functionality.
* Managed complex state with Redux and immer.js, ensuring efficient updates.
* Collaborated with cross-functional teams, aligning design and backend for a 15% faster project timeline.
* Resolved performance challenges for a 20% faster page load, heightening user satisfaction.
* Contributed to a 15% rise in user interaction metrics, improving overall experience.
* Continuously upskilled, deepening proficiency in emerging frontend technologies.

↻ Regenerate

图 4.44 （续）

• Developed a feature-rich online editor using React and Tailwind CSS, boosting user engagement by 50%.

• Designed and executed the project with a focus on user experience, resulting in a clean and intuitive layout with responsive web design.

• Improved SEO with server-side rendering and OG meta tags, resulting in a 20% increase in organic traffic.

• Utilized Fabric.js to create a seamless drag and drop functionality for the editor, contributing to a user-friendly experience that reduces editing time by 40%.

• Integrated multiple complex state management features into the application using Redux and immer.js, significantly improving code maintainability.

比对 4.7.3 节中最开始的中文版本简历，ChatGPT 编修出来的英文版本简历不仅每句都有不同的强动词开头，也都有质性与量化的支持论点，让同样的经历变得更加专业。

4.7.4　小结

从上面的例子可以看到，经过 Google 翻译与 ChatGPT 的润饰后，简历看起来像被专业人士修改过一样。目前市面上找得到的简历编修服务，价格一般从几十元到上千元不等，而我们使用 ChatGPT 进行简历的编修，可以在不用花钱情况下达到一个不错的效果。

注意：虽然 ChatGPT 能帮我们改简历，但简历上的经历还是需要靠自己累积。即使两个人的简历都修到英文写法上的最佳状态，也很可能因为一个人的能力优秀、量化成果数据比较多，而优先获得面试的机会。提升自己才是王道！

4.8 Excel 的应用 »»»

4.8.1 背景

在我们日常的学习或工作中，Word、PPT 和 Excel 等的使用是必不可少的，若是能将 ChatGPT 整合进这些应用软件，将会大大提高人们的工作效率。2023 年 3 月 2 日，一位名叫 PyCoach 的 AI 爱好者利用 ChatGPT 编写 Excel 公式，让他的工作效率成倍提升，见图 4.45。

PyCoach 表示，我们需要做的是创建有效提示，从而使得 ChatGPT 可以生成 Excel 的公式和宏。使用过 ChatGPT 的人都知道，提示起着非常重要的作用。而在 Word、Excel、PPT 这三大办公组件中，Excel 相对是最难搞的，想要熟练掌握它，需要记住很多公式。但是使用提示就简单得多，我们通过和 ChatGPT 聊天就能解决这个问题。

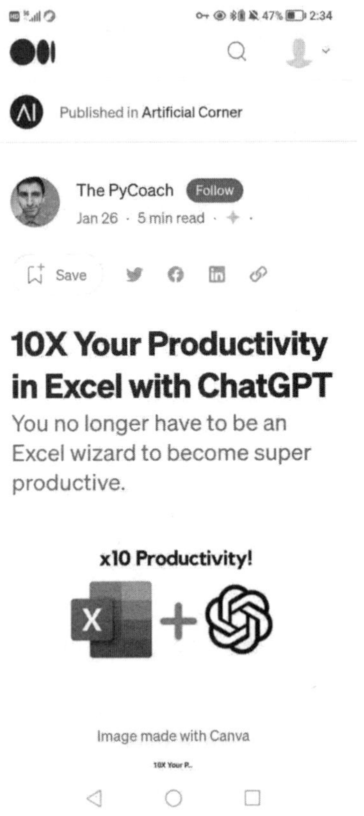

图 4.45　PyCoach 利用 ChatGPT 成倍提升 Excel 的工作效率

4.8.2 汇总公式

假设有一个 Excel 的数据集（见图 4.46），想要获取总销售额，应该使用哪个 Excel 公式呢？

为了让 ChatGPT 回答这个问题，可以向 ChatGPT 输入提示：

写一个 Excel 公式给出 B2 到 B8 的总和。

ChatGPT 给出一个 Excel 公式 "=SUM(B2:B8)"。只需将这个 Excel 公式粘贴到图 4.46 中 Excel 文件的单元格 B9 中，就可以得到并 B2 到 B8 的数据总和，见图 4.47。

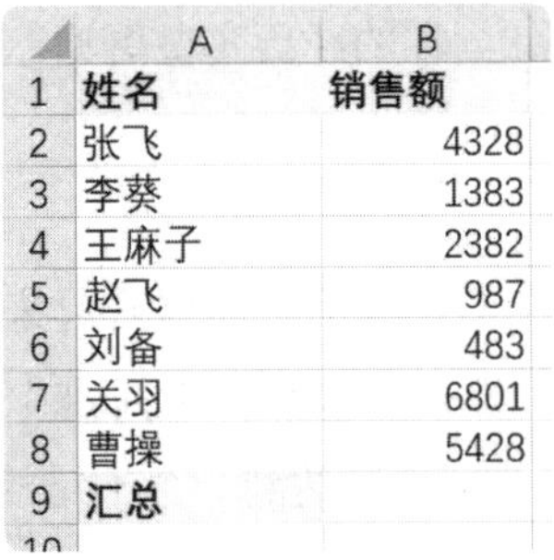

	A	B
1	姓名	销售额
2	张飞	4328
3	李葵	1383
4	王麻子	2382
5	赵飞	987
6	刘备	483
7	关羽	6801
8	曹操	5428
9	汇总	

图 4.46　一个 Excel 数据集

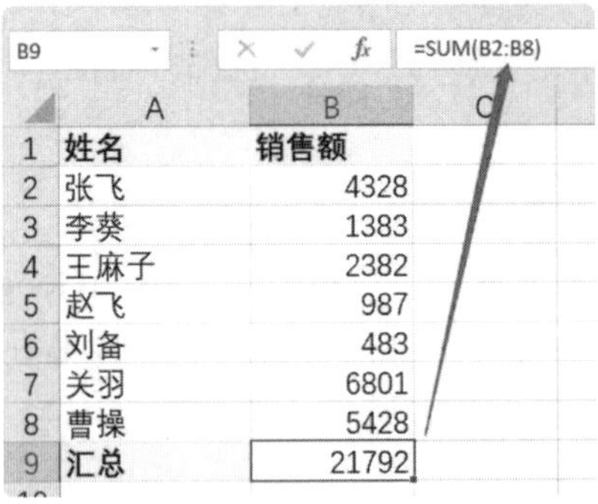

B9　=SUM(B2:B8)

	A	B
1	姓名	销售额
2	张飞	4328
3	李葵	1383
4	王麻子	2382
5	赵飞	987
6	刘备	483
7	关羽	6801
8	曹操	5428
9	汇总	21792

图 4.47　输入 ChatGPT 构造的汇总公式

注意：在使用 ChatGPT 生成公式时，我们一定需要具备一定的 Excel 相关的知识，如提示中的 B2 到 B8 是指 B 列的第 2 行到第 8 行。ChatGPT 辅助我们的工作前提是：对该项工作我们努努力是能够做到的，则可以让 ChatGPT 辅助我们做得更快和更好。

4.8.3　解释 Excel 公式

在 Excel 中，VLOOKUP 函数可能是最受欢迎的公式，而大多数 Excel 用户不理解它的工作原理。因此，我们可以在 ChatGPT 中输入提示：

"请解释下 VLOOKUP 函数在 Excel 中是如何工作的，并给出示例"

ChatGPT 会对这个 VLOOKUP 函数的作用进行解释，并给出该函数的基本语法，见图 4.48。

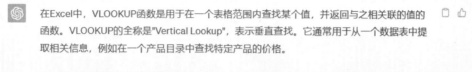

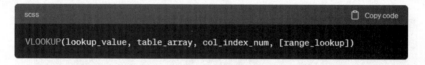

图 4.48　ChatGPT 对 VLOOKUP 函数的解释

4.8.4　带数据的公式示例

在询问完 VLOOKUP 函数的解释后，我们可以进一步要求 ChatGPT 使用实际的业务数据，在表格中给出 Excel 中 VLOOKUP 函数的示例。我们向 ChatGPT 输入提示：

"举一个使用 Excel VLOOKUP 函数的例子，使用实际业务样例数据的表格"

ChatGPT 会生成一个带数据的表格，再针对表格构造一个 VLOOKUP 公式，实现表格数据的分析，见图 4.49。

注意：如果在第一次提问后没有得到想要的结果，可以再次编辑问题或按下"重新生成回答"按钮。

PE 举一个使用Excel VLOOKUP函数的例子，使用实际业务样例数据的表格。

当然，请考虑以下实际业务样例数据。假设你有一个销售记录表，其中包含产品名称、销售
日期和销售额。你想要根据产品名称查找对应的销售额。

销售记录表：

日期	产品名称	销售额
2023-07-01	Apple	$100
2023-07-02	Banana	$150
2023-07-03	Orange	$120
2023-07-04	Apple	$90
2023-07-05	Banana	$200
2023-07-06	Orange	$110

你可以使用VLOOKUP函数来查找特定产品的销售额。例如，要查找产品 "Banana" 的销售
额，可以使用以下公式：

```php
=VLOOKUP("Banana", A2:C7, 3, FALSE)
```

↻ Regenerate

- `"Banana"` 是要查找的产品名称。

  - `A2:C7` 是包含销售记录的表格范围。
  - `3` 表示销售额所在的列索引。
  - `FALSE` 表示进行精确匹配。

  根据上述公式，VLOOKUP函数将查找表格范围中的产品名称，找到"Banana"对应的销售额
  "$150"，然后将这个值返回。

  需要注意的是，如果要查找的产品名称在表格中不存在，VLOOKUP函数将返回错误值
  "#N/A"。在使用VLOOKUP函数时，确保表格范围的数据是有序的，并且要查找的值确实存
  在，以获得准确的结果。

图 4.49　ChatGPT 给出了一个带数据的 VLOOKUP 函数应用实例

4.8.5　公式调试

过去，我们在编写 Excel 公式时常会遇到一些错误，这是一件令人非常沮丧的事情。
利用 ChatGPT 可以解决 Excel 公式中的错误，帮助我们在 Excel 中对公式进行调试。

例如，在一个 Excel 文件中，我们使用公式 "=VLOOKUP(H2，A2:F5，6，)" 后，
Excel 会得到一个 "#N/A" 的结果。为了解决这个问题，我们求助于 ChatGPT，向 ChatGPT
输入以下提示：

"这个Excel公式 =VLOOKUP(H2, A2:F5, 6,) 有什么问题？"

ChatGPT 会对公式 VLOOKUP(H2,　A2:F5,　6,　) 进行分析，并且指出公式中缺少的参数以及公式的正确写法，见图 4.50。

PE　这个Excel公式 =VLOOKUP(H2, A2:F5, 6,) 有什么问题?

在提供的公式中，`=VLOOKUP(H2, A2:F5, 6,)`，缺少了第四个参数 `range_lookup`，这是VLOOKUP函数的一个必需参数，用于指定查找方式。`range_lookup` 参数应该是一个布尔值，用来决定是进行近似匹配还是精确匹配。

具体来说，`range_lookup` 可以是以下两个值之一：

* `TRUE`：进行近似匹配。这意味着如果没有找到完全匹配的值，VLOOKUP会返回与查找值最接近的值。
* `FALSE`：进行精确匹配。只有当找到与查找值完全匹配的项时，VLOOKUP才会返回结果。

所以，你需要在公式中为 `range_lookup` 参数提供一个值，以便VLOOKUP函数能够正常工作。如果你想要进行精确匹配，可以这样编写公式：

```php
=VLOOKUP(H2, A2:F5, 6, FALSE)
```

在这个公式中，`FALSE` 表示要进行精确匹配。如果你希望进行近似匹配，可以将 `range_lookup` 参数设置为 `TRUE`。

图 4.50　ChatGPT 对公式 VLOOKUP(H2,　A2:F5,　6,　) 的分析和修正

随后，我们将公式"=VLOOKUP(H2,　A2:F5,　6,　FALSE)"插入 Excel，得到了正确的答案。

4.8.6　复杂公式

当我们面对一个巨大的 Excel 嵌套公式时，有时我们完全不知道它的含义，此时，我们可以使用 ChatGPT 来帮助我们理解这个复杂的 Excel 公式。

例如，我们请 ChatGPT 为我们解释下面的 Excel 公式，以便更好地理解它，因此向 ChatGPT 输入提示：

请解释以下这个 Excel 公式的作用

=INDEX(C3:E9,MATCH(B13,C3:C9,0),MATCH(B14,C3:E3.0))

ChatGPT 会从这个复杂公式的最内层开始，逐个函数地进行解释，见图 4.51。

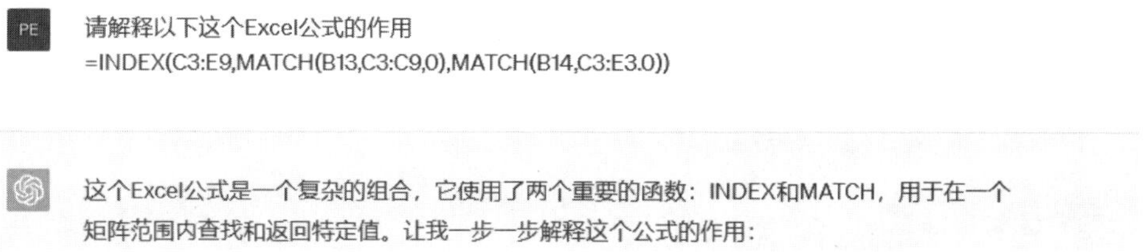

PE　请解释以下这个Excel公式的作用
=INDEX(C3:E9,MATCH(B13,C3:C9,0),MATCH(B14,C3:E3.0))

这个Excel公式是一个复杂的组合，它使用了两个重要的函数：INDEX和MATCH，用于在一个矩阵范围内查找和返回特定值。让我一步一步解释这个公式的作用：

图 4.51　ChatGPT 对复杂公式的解释

1. `MATCH(B13，C3:C9，0)`：这部分使用MATCH函数，它在给定范围内查找一个值，并返回其在范围中的相对位置。具体来说：
   - `B13` 是要查找的值。
   - `C3:C9` 是一个竖直范围，它是要在其中进行查找的范围。
   - `0` 表示进行精确匹配。如果找到完全匹配的值，它将返回该值在范围中的位置。

   所以，`MATCH(B13，C3:C9，0)` 返回的是B13在C3:C9范围内的相对位置（行号）。

2. `MATCH(B14，C3:E3，0)`：这部分也是使用MATCH函数，但在不同的范围内查找另一个值。
   - `B14` 是要查找的另一个值。
   - `C3:E3` 是一个水平范围，它是要在其中进行查找的范围。
   - `0` 同样表示进行精确匹配。

   这个部分的返回值是B14在C3:E3范围内的相对位置（列号）。

3. `INDEX(C3:E9，MATCH(B13，C3:C9，0)，MATCH(B14，C3:E3，0))`：最终，这个公式使用INDEX函数，根据前两个MATCH函数的结果，在一个给定的矩阵范围内返回特定的值。
   - `C3:E9` 是一个矩阵范围，它包含要返回值的数据。
   - `MATCH(B13，C3:C9，0)` 返回B13在C3:C9中的相对行号。
   - `MATCH(B14，C3:E3，0)` 返回B14在C3:E3中的相对列号。

   这样，INDEX函数将返回矩阵范围C3:E9中的特定单元格，其行号由第一个MATCH函数给出，列号由第二个MATCH函数给出。

☐ Stop generating

图 4.51 （续）

4.8.7　带数据的复杂公式应用

在图 4.51 中 ChatGPT 给出了复杂公式的解释，我们还可以通过请求 ChatGPT 在 Excel 的表格中使用实际业务数据来获得更好的解释。

例如，我们向 ChatGPT 中继续提问："结合一个实际数据的 Excel 表格来解释这个公式"。

ChatGPT 会在一个实例中演示 4.8.6 节中的复杂公式 "INDEX(C3:E9,MATCH(B13,C3:C9,0),MATCH(B14,C3:E3.0))"，见图 4.52。

PE　结合一个实际数据的Excel表格来解释这个公式。

 假设有一个销售记录表格，其中包含产品名称、日期和销售额。你想要根据特定的产品名称和日期来获取销售额。以下是一个示例的销售记录表格：

日期	产品名称	销售额
2023-07-01	Apple	$100
2023-07-02	Banana	$150
2023-07-03	Orange	$120
2023-07-04	Apple	$90
2023-07-05	Banana	$200
2023-07-06	Orange	$110

图 4.52　带数据的复杂公式应用实例

现在，假设在单元格B13中输入了要查找的产品名称，比如 "Banana"，而在单元格B14中输入了要查找的日期，比如 "2023-07-02"。你想要通过使用上述公式来获取该产品和日期对应的销售额。

根据给定的公式：

```less
=INDEX(C3:E9, MATCH(B13, C3:C9, 0), MATCH(B14, C3:E3, 0))
```

图 4.52　（续）

注意：ChatGPT 通过出色的数据可视化和表格示例，帮助我们理解和应用复杂的 Excel 公式。

4.8.8　合并工作表

Power Query 是 Excel 中的一个强大功能，它可以快速清洗、转换和合并数据。当需要将两个表格合并成一个表格时，可以使用 Excel 中的 Power Query 功能。

例如，为了使用 ChatGPT 辅助我们在 Excel 中合并两个表格，我们需要继续提问：

"如何使用 Power Query 合并两个独立的 Excel 表格，给出具体步骤"

针对我们的提问，ChatGPT 会给出详细的表格合并步骤，见图4.53。

PE　如何使用Power Query合并两个独立的Excel表格，给出具体步骤。

使用Power Query合并两个独立的Excel表格是一种方便的方法，它允许你在一个新的表格中合并、转换和清理数据。以下是具体的步骤来合并两个Excel表格：

假设有两个Excel文件：`Table1.xlsx` 和 `Table2.xlsx`，每个文件都包含一个名为 "Sheet1" 的工作表，其中包含数据。

步骤1：打开一个新的工作簿

打开一个新的Excel工作簿，这将是用于合并两个表格的目标工作簿。

步骤2：打开Power Query

在菜单栏中，选择 "数据"（Data）选项卡，然后点击 "来自其他来源"（Get Data）。

步骤3：选择Excel文件

在弹出的菜单中，选择 "来自工作簿"（From Workbook），然后浏览并选择第一个Excel文件（`Table1.xlsx`）。选择后，点击 "导航"（Navigator）。

步骤4：选择工作表

在 "Navigator" 窗口中，选择你想要合并的工作表，这里选择 "Sheet1"。然后点击 "加载"（Load）。

图 4.53　ChatGPT 给出表格合并的步骤

注意：如果答案不详细，可调整问题或者点击重新生成结果。

4.8.9 数据实例表

此外，还可以使用 ChatGPT 快速获取一些 Excel 样本数据，并用这些数据创建透视表。例如，我们继续向 ChatGPT 输入提示：

"请给我列出一个 2020 年至 2022 年手机销售的示例数据表格，我可以用它来创建一个数据透视表来提升 Excel 技能。"

ChatGPT 收到我们的提问后，构造了一张 2020 年至 2022 年的手机销售实例数据表格，见图 4.54。

PE 请给我列出一个2020年至2022年手机销售实例数据表格，我可以用它来创建一个数据透视表来提升Excel技能。

当然，我可以为你提供一个示例数据表格，涵盖2020年至2022年的手机销售数据。你可以使用这个数据来创建一个数据透视表以提升你的Excel技能。

示例数据表格如下：

日期	年份	月份	品牌	销售额	销售量
2020-01-01	2020	1	Apple	$1500	100
2020-01-15	2020	1	Samsung	$1200	90
2020-02-05	2020	2	Apple	$1800	120
2020-02-20	2020	2	Samsung	$1300	100
2020-03-10	2020	3	Apple	$1600	110
...	...	...	...	...	...
2022-11-20	2022	11	Apple	$2200	150
2022-11-25	2022	11	Samsung	$1800	130
2022-12-10	2022	12	Apple	$2500	170
2022-12-15	2022	12	Samsung	$2000	14 ↺ Regenerate

图 4.54　ChatGPT 创建的数据实例表

4.8.10 数据透视表

Excel 数据透视表是一种有用的工具，可以实现大量数据的汇总，以便更轻松地分析和可视化这些数据。ChatGPT 也可以帮助我们了解如何创建和使用 Excel 数据透视表。

例如，我们继续向 ChatGPT 输入提示：

请为我创建一个示例数据透视表报告，显示过去三年手机销售额的差异。

ChatGPT 会在创建的表格后面增加数据透视表的生成步骤，见图 4.55。

注意：返回结果如果不满意，可以点击刷新重新生成更好的结果。

PE　请为我创建一个示例数据透视表报告，显示过去三年手机销售额的差异。

当然，我可以帮你创建一个示例数据透视表报告，以显示过去三年手机销售额的差异。以下是一些示例数据，我们将使用这些数据来创建透视表报告。

示例数据表格如下：

日期	年份	月份	品牌	销售额
2020-01-01	2020	1	Apple	$1500
2020-01-15	2020	1	Samsung	$1200
2020-02-05	2020	2	Apple	$1800
2020-02-20	2020	2	Samsung	$1300
2020-03-10	2020	3	Apple	$1600
...	...	...	...	...
2022-11-20	2022	11	Apple	$2200
2022-11-25	2022	11	Samsung	$1800
2022-12-10	2022	12	Apple	$2500
2022-12-15	2022	12	Samsung	$2000

以下是创建示例数据透视表报告的步骤：

1. 在 Excel 中，选中示例数据表格中的任意单元格。
2. 在菜单栏中，选择 "插入" (Insert) > "数据透视表" (PivotTable)。

↻ Regenerate

图 4.55　ChatGPT 创建数据透视表

4.8.11　VBA 宏函数

ChatGPT 可以用来创建 VBA 宏，通过简单的命令运行，自动化 Excel 中的重复任务，如运行计算或更新数据。

例如，如果某个 Excel 文件的表单第一列中存在一些重复项，我们希望编写一个 Excel 宏，实现第一列中重复项的自动删除。为此，我们向 ChatGPT 输入提示：

编写一个 Excel 宏，能够删除数据第一列中的重复项。

随后 ChatGPT 是自动编写一个 VB 程序，实现数据第一列中的重复性删除，见图 4.56。

PE　编写一个Excel宏，以删除数据的第一列中的重复项。

当然，以下是一个用于删除数据的第一列中重复项的Excel宏代码。这个宏会删除第一列中所有的重复值，只保留第一次出现的值。

图 4.56　ChatGPT 生成一个 Excel 宏

图 4.56 （续）

4.8.12 快捷键

ChatGPT 可以通过提供常见任务的快捷方式和技巧来帮助 Excel 用户更高效地使用 Excel 进行导航和操作。

例如，在实际使用中，我们有时会忘记某个特定的 Excel 键盘快捷键。为了找回这些快捷键，只需询问 ChatGPT 就可以获得，甚至 ChatGPT 会额外给出快捷键的解释。

如我们向 ChatGPT 输入以下提示：

Excel 中按行快速填充的快捷键是什么？

ChatGPT 会回复该快捷键是 Ctrl+R，同时还会告诉我们如何使用这个快捷键，见图 4.57。

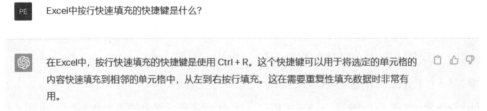

图 4.57　ChatGPT 告知 Excel 快捷键的使用方法

4.8.13 小结

总之，ChatGPT 是一款高效的工具，可以帮助自动化许多 Excel 任务，提高数据分析，加快使用 Excel 公式和数据的过程。通过利用其先进的自然语言处理能力和与其他工具的集成，ChatGPT 可以帮助你发现新的见解，提高你的办公效率。

4.9　辅助 AI 绘画 〉〉〉

4.9.1　背景

AIGC（artificial intelligence generated content）指的是人工智能系统生成的内容，通常是文字、图像、音频或视频。这类内容可以通过自然语言处理、机器学习和计算机视觉等技术生成，即生成式 AI。AI 最初设立的目的是让机器像人类一样思考解决问题。目前 AI 的总体目的是通过各种算法解决问题提高生产效率。

AIGC 多样化的内容生成能力使其覆盖各类内容形式，各类应用场景正随技术进步逐渐落地。AIGC 不仅可覆盖文本、音频、图像、视频等基本内容模态，还可综合图像、视频、文本进行跨模态生成，并应用于各类细分行业成为具体的生产力要素。例如游戏行业中的 AI、NPC、虚拟人的视频制作与生成等。从 1950 年至今，AIGC 的发展经历了 4 个阶段，如图 4.58 所示。特别是到了 2022 年，AIGC 产品密集发布，如 ChatGPT 的发布。

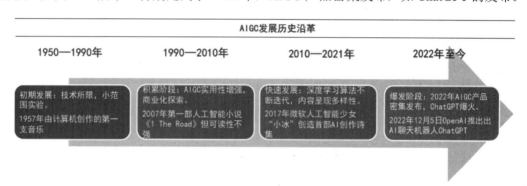

图 4.58　AIGC 的发展历史

ChatGPT 和 Stable Diffusion 是最近两个很火的 AIGC 工具。通过结合两者，可以简单地创作出一个优质的 AI 画作。AI 绘画的难点在于如何写出一段描述，即将我们想要的图片用语言准确表达出来，而地道的英语表达则更加困难。ChatGPT 可以将中文翻译为英文，然后可以将得到的英文输入 Stable Diffusion 中，让它帮忙处理，生成一幅画作。

4.9.2　Stable Diffusion 介绍

Stable Diffusion 是一款基于人工智能技术开发的绘画软件，它可以帮助艺术家和设计师快速创建高品质的数字艺术作品。该软件使用了一种称为 GAN（生成对抗网络）的深度学习模型，该模型可以学习并模仿艺术家的创作风格，从而生成类似的艺术作品。

Stable Diffusion 可以让用户轻松地调整绘画参数并实时预览结果。用户可以选择不同的画布、画笔和颜色，还可以通过调整图像的风格、纹理和颜色等参数来创建各种不同的艺术作品。

目前使用 Stable Diffusion 有两种方式，一种是本地安装和使用，另一种是在线使用。为了简单起见，我们只介绍在线使用 Stable Diffusion 的方法。

4.9.3 Stable Diffusion Online

（1）在线 Stable Diffusion 的使用可以通过以下网址实现：

https://stablediffusionweb.com/

在浏览器中输入该网址，进入 Stable Diffusion 的主页，如图 4.59 所示。

图 4.59　Stable Diffusion 的官网

（2）在图 4.59 中，点击【DOWNLOAD】可以下载和安装这个软件，点击红色框中的【Get Started for Free】可以进入免费在线 Stable Diffusion 页面，见图 4.60。

图 4.60　Stable Diffusion 的图片生成页面

4.9.4　实例演示

由于 Stable Diffusion 中的提示语是用英语编写，很多人并不知道如何编写对 Stable Diffusion 有用的提示语，为此需要讲解提示语的写作技巧。

我们询问 ChatGPT 3.5 是否了解 Stable Diffusion，而 ChatGPT 3.5 回复，由于它的知识库仅仅更新到 2021 年，因此并不知道 Stable Diffusion，见图 4.61，我们无法让 ChatGPT 直接生成 Stable Diffusion 的提示语。

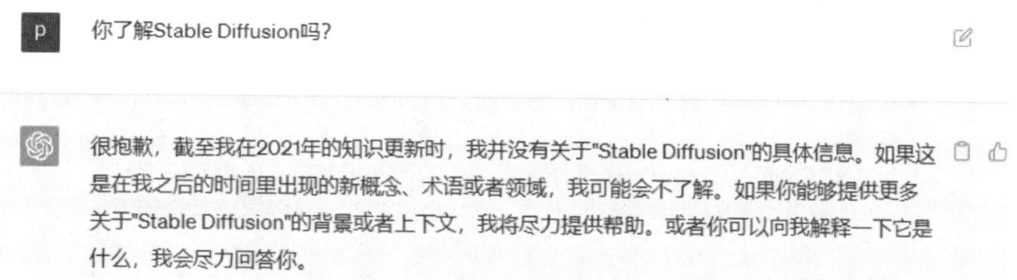

图 4.61　ChaTGPT 3.5 并不了解 Stable Diffusion

为了让 ChatGPT 生成有效的 Stable Diffusion 提示语，我们总结了如下的步骤。

步骤 1：确定题材方向

在让 AI 画画之前，首先需要明确 AI 作画的内容，如画一幅建筑图、日落风景、大海、星空等。

步骤 2：获得中文提示语

将我们需要 AI 绘画的内容输入给 ChatGPT，让它给出一个提示语。例如，我们确定了画一幅建筑图，则可以输入提示：

"我想画一幅建筑师风格的建造作品，能给一个提示语吗？"

ChatGPT 会给出一些针对该作品的提示语，见图 4.62。

步骤 3：缩小提示语范围

由图 4.62 可知，ChatGPT 给出的提示语并不具体，也不适合直接作为 Stable Diffusion 的提示语。为此，需要进一步缩小提示语的范围。

我们向 ChatGPT 输入提示：

"你能给我一些文本到图像的提示语吗？关于卡拉特拉瓦设计的一个现代建筑。"

ChatGPT 会针对世界知名建筑师卡拉特拉瓦的现代建筑图像给出提示语，见图 4.63。

步骤 4：实例化

随后，我们可以让 ChatGPT 用一个例子来演示提示语，见图 4.64。

步骤 5：重构提示语

针对上述的提问和 ChatGPT 的输出内容，我们可以重构一份提示语如下：

"创作类似于卡拉特拉瓦设计的一个现代建筑图像，要求包括天空、周围的建筑物和自然景观，可以使用不同的颜色和纹理来展示不同角度的反射和折射效果，营造出一个令人着迷的光影画面"

P　我想画一幅建筑师风格的建造作品，能给一个提示语吗？

当尝试描绘一个建筑师风格的建筑作品时，以下提示语可能会对你有所帮助。

1. **独特的设计语言：** 以独特的设计语言为基础，将现代与传统元素相结合，创造出令人惊叹的建筑风格。
2. **精心挑选的材料：** 强调使用高质量的、与环境相协调的材料，为作品赋予质感和深度。
3. **流线型与几何美学：** 运用流线型的曲线和精确的几何形状，创造出动态和均衡的外观。
4. **与自然融合：** 通过大面积的玻璃窗、绿化区域以及自然光线的利用，将建筑与周围的自然环境融为一体。
5. **照明与氛围：** 注重照明设计，使用柔和的灯光和阴影营造出独特的氛围和情感。
6. **功能与美学的平衡：** 设计不仅要追求美学，还要确保功能性和实用性，使建筑真正符合使用者的需求。
7. **历史与未来的融合：** 在设计中融入历史元素，同时也在细节中展现出现代科技和创新。
8. **人文关怀与社会意义：** 设计反映出对社会、文化和人群的关怀，体现建筑在社会中的意义和价值。
9. **建筑的故事：** 每个建筑都有一个独特的故事，通过设计元素、构造细节和空间布局来讲述这个故事。
10. **可持续发展：** 融入可持续设计理念，考虑能源效率、环保材料和资源的合理使用。

你可以根据你的具体想法和创意，结合这些提示语来描绘一个富有建筑师风格的建筑作品。

图 4.62　ChatGPT 给出的一些面向建造作品的提示语

P　你能给我一些文本到图像的提示语吗？关于卡拉特拉瓦设计的一个现代建筑。

当尝试将文字描述转化为关于卡拉特拉瓦设计的现代建筑图像时，以下提示语可能会对你有所帮助：

1. **魔幻的几何线条：** 将卡拉特拉瓦设计的现代建筑呈现为一系列魔幻般的几何线条和形状，营造出令人着迷的视觉效果。
2. **剧场般的空间感：** 借助透视和层次感，创造出仿佛步入一个建筑剧场的视觉体验，每个角落都带来惊喜。
3. **镜面反射与折射：** 利用镜面材质和玻璃，呈现出建筑外观的多重反射和折射，营造出变幻莫测的光影效果。
4. **融合自然的元素：** 在建筑设计中融合大片绿化、水景或其他自然元素，创造出与周围环境和谐融合的氛围。
5. **光与阴影的舞蹈：** 突显光线对建筑外观的影响，捕捉阳光和阴影在建筑表面上优美的舞蹈。
6. **未来科技的展示：** 强调卡拉特拉瓦作品中融入的未来科技元素，如智能照明系统、可持续能源等。
7. **城市中的艺术品：** 将建筑描绘为城市中的一件艺术品，其独特性和视觉吸引力使其成为城市景观的焦点。
8. **人流与空间交织：** 表现建筑内外的人流与空间之间的交织关系，呈现出活力和生活氛围。
9. **历史与创新的碰撞：** 在现代设计中融入历史元素，展现卡拉特拉瓦对传统和创新的独特视角。
10. **建筑的情感共鸣：** 呈现建筑外观时，突显出它所带来的情感共鸣，引发观者内心的情感共鸣和思考。

你可以根据这些提示语，尝试用图像来呈现出卡拉特拉瓦设计的现代建筑的独特特点和美感。

图 4.63　ChatGPT 给出卡拉特拉瓦的现代建筑图像的提示语

能举个具体的例子吗?

当然,我可以为你举一个例子来更具体地说明如何将提示语转化为图像。

提示语:镜面反射与折射

这个提示语强调了建筑外观的镜面材质和玻璃幕墙,以及通过反射和折射产生的视觉效果。让我们尝试将这个提示语转化为一个图像。

图像描述:在图像中,你可以展示一个现代建筑的立面,其中大部分被镜面和玻璃材质所覆盖。建筑的表面映射出周围环境,包括天空、周围的建筑物和自然景观。你可以使用不同的颜色和纹理来展示不同角度的反射和折射效果,营造出一个令人着迷的光影画面。

例如,建筑的一侧反射出天空中的云彩和阳光,另一侧反射出周围高楼大厦的形象。在玻璃幕墙的折射下,你可以描绘出建筑内部的一些空间元素,例如楼梯、大厅或者内部装饰。

此图像通过反映和折射的效果,呈现出建筑外观的多重景象,同时展示出建筑与周围环境的紧密联系。

请记住,图像的创作涉及具体的设计和绘制,因此你可以根据自己的创意和技能来呈现出这个想法。

图 4.64　ChatGPT 给出的一些提示语示例

步骤 6:翻译

针对上述重构的提示语,我们让 ChatGPT 翻译为英文,见图 4.65。

请翻译以下内容:创作类似于卡拉特拉瓦设计的一个现代建筑图像,要求包括天空、周围的建筑物和自然景观,可以使用不同的颜色和纹理来展示不同角度的反射和折射效果,营造出一个令人着迷的光影画面。

Certainly, here's the translation of the given content:

创作类似于卡拉特拉瓦设计的一个现代建筑图像,要求包括天空、周围的建筑物和自然景观,可以使用不同的颜色和纹理来展示不同角度的反射和折射效果,营造出一个令人着迷的光影画面。

Translation: Create an image resembling the design by Calatrava, featuring a modern building. The image should incorporate the sky, surrounding buildings, and natural landscapes. Various colors and textures can be employed to showcase reflections and refractions from different angles, creating a captivating play of light and shadow.

图 4.65　ChatGPT 将提示语翻译为英文

步骤 7:生成图像

将 ChatGPT 翻译好的英文输入在线 Stable Diffusion 中,再点击页面上的【Generate image】生成图像,见图 4.66。

图 4.66　采用在线 Stable Diffusion 生成图像

注意：ChatGPT 4.0 已经具备了直接生成图像的功能，可以通过购买 Plus 会员的形式将 ChatGPT 3.5 升级到 4.0 版本。在 ChatGPT 的主页面的左下角，点击【Upgrade to Plus】实现，见图 4.67。再点击"Upgrade Plan"，完成付款，订阅 ChatGPT Plus，见图 4.68。此外，还有许多类似 Stable Diffusion 的软件也可以生成图像，但它们大多数是需要收费的，作为一般的学习者，在线 Stable Diffusion 是足够了，作为专业人士而言，还是建议使用收费的 AI 作图软件。

图 4.67　升级到 ChatGPT 4.0

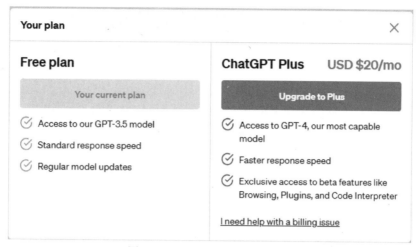

图 4.68　订阅 ChatGPT Plus 窗口

4.9.5　小结

本节仅仅是使用免费的 ChatGPT 3.5 和在线 Stable Diffusion 生成图像，这二者均是免费软件，能够满足我们的一般需求。如果读者想要制作更加专业的图像或海报，可以使用一些收费软件，它们提供了更多的专业功能。通过学习本节案例的演示，读者能够掌握使用 ChatGPT 3.5 辅助生成图像的方法。当然，如果读者能够升级为 ChatGPT 4，则可以享受 ChatGPT 4 带来的图像处理功能，具体应用详见本书的 5.1 节。

本章小结 〉〉〉〉

将 ChatGPT 应用到不同的领域，需要读者首先具备该领域的相关知识和相关技巧。如在文学作品创作中，读者如果之前从未读过或写过文学作品，其实很难直接让 ChatGPT 生成令人满意的文学作品。因此，在应用 ChatGPT 之前，需要读者对相关领域进行学习，从而能够通过追加提问的方式让 ChatGPT 一步一步地细化相关内容，从而生成我们需要的内容。本章是本书的重点，希望读者能够通过本章学习掌握 ChatGPT 的实用方法，学习 ChatGPT 在不同领域应用的一般模式。

思考题 〉〉〉〉

1. 请用 ChatGPT 写一篇关于某某方向的科学研究报告。（本题无固定答案）
2. 小李即将大学毕业，请用 ChatGPT 为小李构造一份个人简历。（本题无固定答案）

第 5 章 ChatGPT 的高级应用

学习目标

- 了解 ChatGPT 4 与之前版本的不同；
- 掌握 OpenAI 的 API 密钥获取方法；
- 掌握 OpenAI 在 Python 中的安装方法；
- 了解 ChatGPT 的第三方控件的安装方法。

5.1 ChatGPT 4 »»»

5.1.1 发布和推广

2023 年 3 月 15 日，OpenAI 发布多模态大模型 GPT-4，它不仅具有自然语言处理的能力，还具备对图像的理解和分析能力。为了加快 GPT-4 的商业化进程，OpenAI 公司开放 API，同时还发布了 API 在 6 个不同商业场景的应用落地。随后微软发布了震撼的微软 365 Copilot，极大地提升了 Office 的生产力和交互方式。而在第 4 章，ChatGPT 3.5 已经展示了强大的文字创造、人机交互、教育、影音、编码等多方面的应用能力。

2023 年 3 月 1 日，OpenAI 宣布开放 ChatGPT API，开放的 API 收费模式为 0.002 美元 /1000tokens，较前一代价格下降 90%，并且会根据 API 调用的 token（分词）输入和输出总数计费。例如调用输入 10 个 token，输出 20 个 token，则需要支付 30 个 token 的费用。同时 token 总数还需低于模型最大限制，GPT-3.5-turbo-0301 版本的限制是 4096 个 token。

此外，OpenAI 还开放了 Whisper API，这是一种语音转换文字的模型，可以转写或翻译语音，支持包括英语、中文、阿拉伯语、日语、德语、西班牙语等几十种语言，使用 Whisper API 的费用为每分钟 0.006 美元。目前 OpenAI 已经开放了包括 ChatGPTAPI 和 WhisperAPI 在内的多个 API 接口，逐步推进商业化进程。OpenAI 开放的语言类 API 包括用于对话的 GPT-3.5-turbo（多段对话）、InstructGPT（一问一答），其中 InstructGPT 根据其性能可以分为 Ada、Babbage、Curie、Davinci（由弱至强），这四个模型还提供针对具体场景的微调接口，其中的 Ada 还可以作为研究的基础 Embedding 模型被调用。开放的多模态模型为 Dall·E，根据处理图像的像素不同进行收费。开放的音频模型为 Whisper。

未来，多模态是大语言模型的发展方向，必定会融入社会的各行各业当中，改变人们的生产、生活、教育和娱乐方式。

5.1.2 新旧版本对比

根据 OpenAI 报道，对比 ChatGPT 3.5，ChatGPT 4 有如下改进。

（1）能力和可靠性提升。在一次模拟考试中，即使在没有接受任何特殊训练的情况下，ChatGPT 4 的得分也进入了考生的前 10%。而当相同场景下，ChatGPT 3.5 的得分却排在考试的后 10%。

（2）图像输入能力。可以向 ChatGPT 4 展示图像、图表和信息图表，而不是单纯的输入本文提示。

（3）更大的文本处理能力。ChatGPT 4 可以处理 25 000 个单词的输入文本，这意味着它可以分析复杂的主题并响应具有更多上下文的提示。而现有 ChatGPT 3.5 仅仅能处理 4096 个字符。

（4）逻辑推理提升。ChatGPT 4 提供的事实响应比 ChatGPT 3.5 多了 40%，因此该模型不太容易产生幻觉，即自信地用虚假或虚构的信息做出回应，也就是我们口中的"一本正经地胡说八道"。

（5）更好的创造力。ChatGPT 4 可以扮演不同的角色并保持在角色中。例如，可以为 ChatGPT 4 提供到任何维基百科页面的链接，并根据它提出后续问题。

5.1.3　使用方法

如果之前使用的是 ChatGPT 3 或 ChatGPT 3.5 版本，则可以通过以下步骤切换到 ChatGPT 4。

步骤 1：访问 ChatGPT 并登录账户。

步骤 2：在屏幕的左下角，找到升级计划按钮并单击它。

步骤 3：按照说明升级您的账户。

步骤 4：订阅 ChatGPT Plus 后，可以访问聊天屏幕上的新下拉菜单。展开它并选择 GPT-4 模型。

注意：出于信息安全和数据隐私、审查制度、文化和价值观差异等众多原因，中国境内的用户无法直接使用 ChatGPT，即中国大陆地区的 IP 地址无法访问 ChatGPT。为了在中国大陆使用 ChatGPT，可以参考如下网站：

https://www.rstk.cn/news/137526.html?action=onClick

http://www.147seo.com/post/2313.html

http://koudaipe.com/funny/7291.html

https://www.wudianban.com/chatgpt-4.html

另外，从 2024 年 4 月 1 日开始，OpenAI 正式发布了一个新政策：ChatGPT 3.5 版本可以不需要注册账号，直接使用。但是，相比注册账号，非注册账号使用 ChatGPT 3.5 时不会保留之前的对话内容。

5.1.4　第三方插件

1. 插件的作用

ChatGPT 插件是一种专为 ChatGPT 设计的工具，它在 ChatGPT 的基础上增加了许多额外的重磅功能，比如：

• 联网。这样 ChatGPT 就可以获取实时信息了，不用局限于 2021 年 9 月之前的训练数据。

- 个性化知识检索 / 问答。这里插件包括 ChatPDF 和 DocsGPT 等。
- 链接第三方应用。ChatGPT 可以访问第三方应用的数据，满足更加复杂和个性化的需求。比如，之前第三方插件只能给你推荐书籍，现在可以直接帮你订购。

2. 安装方法

目前 ChatGPT 插件只对 Plus 用户开放，且只支持 GPT4 模型，普通用户无法使用。为了安装 ChatGPT 插件，需要先开启插件功能。

图 5.1 ChatGPT 的账户菜单

（1）点击 ChatGPT 账户菜单中设置（见图 5.1），进入设置窗口，找到菜单中 Beta 功能选项，见图 5.2。在 Beta 功能中开启插件功能，见图 5.3。

图 5.2 设置窗口

图 5.3 开启第三方控件

（2）访问 ChatGPT 插件

在主聊天屏幕上，点击或悬停在 GPT-4 选项上，见图 5.4。

在出现的列表中，点击"Plugins"，切换默认设置，见图 5.5。

图 5.4 GPT-4 选项　　　　图 5.5 切换插件的设置

（3）从商店安装 ChatGPT 插件

点击【No plugins enabled】的选项，展开菜单，点击“Plugin Store”，看到一个插件集合，见图 5.6。

GPT-3.5
GPT-4
No plugins enabled
Plugin store

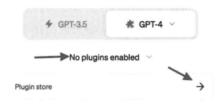

图 5.6　插件集合

随后，OpenAI 将显示一个关于 ChatGPT 插件的免责声明，点击【OK】按钮，见图 5.7。

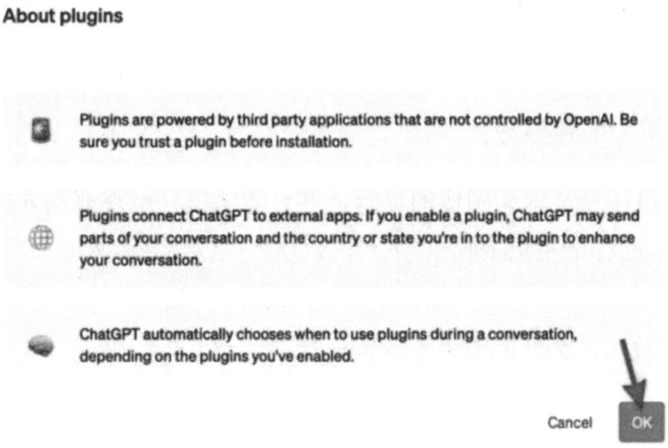

About plugins
Plugins are powered by third party applications that are not controlled by OpenAI. Be sure you trust a plugin before installation.
Plugins connect ChatGPT to external apps. If you enable a plugin, ChatGPT may send parts of your conversation and the country or state you're in to the plugin to enhance your conversation.
ChatGPT automatically chooses when to use plugins during a conversation, depending on the plugins you've enabled.
Cancel
OK

图 5.7　ChatGPT 插件的免责声明

随后，可以看到整个商店中的插件。选择想要的 ChatGPT 插件，点击该插件旁边的 Install，实现插件的安装，见图 5.8。

Plugin store
Wolfram|Alpha
Installing
Dynamic computation, math, curated data & expert-level knowledge.
Speak - AI Language...
Install
Plugin that looks up and explains foreign

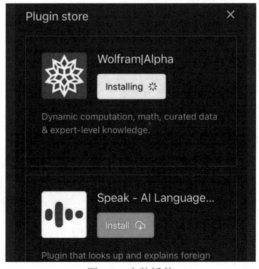

图 5.8　安装插件

3. 常用插件推荐

安装了插件，ChatGPT 将如虎添翼。常用的 8 个 ChatGPT 插件如下：

- Instacart：询问食谱，找出你需要的食材——然后从当地商店买到。
- Wolfram：通过 Wolfram|Alpha 和 Wolfram 语言访问计算、数学、策划知识和实时数据。
- Speak：用你的人工智能语言导师 Speak 学习如何用另一种语言说任何话。
- KAYAK：搜索航班、住宿和租车，或者可以获得在你预算范围内去哪里的建议。
- Zapier：与 Google Sheets、Gmail、HubSpot、Salesforce 等 5000 多个应用程序进行交互。
- Expedia：把你的旅行计划付诸实践——去哪里，住在哪里，找一些要看的和要做的事情。
- FiscalNote：FiscalNote 使您能够访问法律、政治和监管信息的精选市场领先的实时数据集。
- OpenTable：允许您搜索可预订用餐体验的餐厅。

5.1.5　ChatGPT 4 应用实例

ChatGPT 4 可以接受文本和图像的提示，并且能够很好地理解输入的图文信息，再作出恰当的回复。OpenAI 的主页上提供了一个 VGA 充电器的例子：

"What is funny about this image? Describe it panel by panel."

翻译：这张图片有什么好笑的地方？请逐一描述。

输入的图片如图 5.9。

图 5.9　VGA 充电器图片

ChatGPT 4 通过对图像的分析，找到了图 5.9 中 3 点搞笑的地方，见图 5.10。

GPT-4 The image shows a package for a "Lightning Cable" adapter with three panels.

Panel 1: A smartphone with a VGA connector (a large, blue, 15-pin connector typically used for computer monitors) plugged into its charging port.

Panel 2: The package for the "Lightning Cable" adapter with a picture of a VGA connector on it.

Panel 3: A close-up of the VGA connector with a small Lightning connector (used for charging iPhones and other Apple devices) at the end.

The humor in this image comes from the absurdity of plugging a large, outdated VGA connector into a small, modern smartphone charging port.

图 5.10　ChatGPT 4 的回复

图 5.10 中内容的翻译：

图片显示了一个由三张图片构成的"充电线"适配器。

第一，带有 VGA 接口的智能手机（一个大型的、蓝色的、15 针的连接器，通常用于计算机显示器）插入其充电端口。

第二，"充电线"适配器的包装，上面有 VGA 连接器的图片。

第三，最后是一个 VGA 接口，带有一个小的 Lightning 接口（用于给 iPhone 和其他苹果设备充电）。

这幅图的幽默之处在于，将一个大的、过时的 VGA 接口插入一个小的、现代智能手机充电端口是荒谬的。

由这个例子可知，ChatGPT 4 能够很好地理解图片中的内容，同时能够依据训练出来的模型对图片的内容进行推理，得出一些结论。

5.2　简易 AI 聊天机器人 »»»

5.2.1　背景

2023 年 3 月 1 日，OpenAI 宣布允许第三方开发者通过 API 将 ChatGPT 集成到他们的应用程序和服务中。特别是最新的"GPT-3.5-turbo"模型能够以极低的价格为 ChatGPT Plus 提供服务，而且反应速度也非常快。使用这些 ChatGPT API，即使是不懂编程的人也可以创建属于自己的各项应用。本节讲解了如何使用 ChatGPT API 建立自己的人工智能聊天机器人。为了演示这个聊天机器人，我们开发了一个 Gradio 界面，同时采用一步一步介绍的方式帮助读者从头开发自己的人工智能聊天机器人。

5.2.2　开发步骤

调用 ChatGPTAPI 开发自己的人工智能聊天机器人需要设计如下 4 个基本步骤：

（1）设置软件环境以创建 AI 聊天机器人；

（2）免费获取 OpenAI 的 API 密钥；

（3）用 ChatGPT API 和 Gradio 建立 AI 聊天机器人；

（4）创建个性化的 ChatGPT API 驱动的聊天机器人。

注意事项：

（1）无论是 Windows、MacOS、Linux，还是 ChromeOS 平台，都可以建立 ChatGPT 聊天机器人。以下是在 Windows 平台上建立 ChatGPT 聊天机器人，其他平台建立的步骤与 Windows 平台类似。

（2）无论是普通用户，还是计算机专业用户，依据本文的例子都可以轻松地创建自己的 ChatGPT 聊天机器人。

（3）ChatGPT 聊天机器人的后台工作是由 OpenAI 在云端的 API 完成，因此创建一个 ChatGPT 聊天机器人并不需要有着强大 CPU 或 GPU 的计算机。

5.2.3 软件环境创建

在创建 ChatGPT 聊天机器人之前，需要设置一下软件环境，电脑端需要安装 Python、Pip、OpenAI 和 Gradio 库，提前获得一个 OpenAI API 密钥，以及一个代码编辑器，如 Notepad++。

1. 安装 Python

首先，需要在电脑上安装 Python。进入 Python 下载页面，网址：
https://www.python.org/downloads/
从网站上找到一款适合本地电脑操作系统的 Python 下载，见图 5.11。

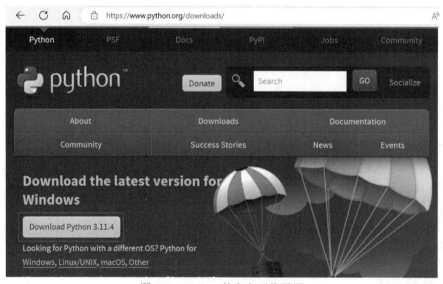

图 5.11　Python 的官方下载页面

注意：如果本地电脑上安装了 Anaconda 集成环境，即开始菜单中有 Anaconda 子菜单，见图 5.12，则可以跳过这一步。

随后，运行安装文件，确保启用"Add Python.exe to PATH"的复选框，其作用是在运行环境中添加 Python 运行路径。之后，点击"Install Now"，按照常规步骤安装 Python，见图 5.13。

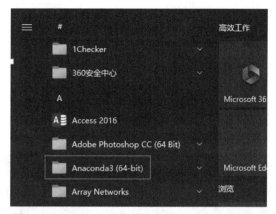

图 5.12　Windows 开始菜单中的 Anaconda 子菜单

图 5.13　Python 的安装窗口

最后，需要检查 Python 是否正确安装。打开计算机上打开终端（命令提示符或者 Anacondaprompt），运行命令：

```
python --version
```

获得 Python 的版本，见图 5.14。如果已经安装了 Anaconda，则打开 Anacondaprompt，运行上面的命令。如果是在 Linux 或其他平台上，则运行命令：

```
python3 --version
```

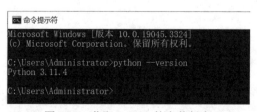

图 5.14　获取 Python 的安装版本

2. 升级 Pip

Pip 是 Python 的软件包管理器，可以用于安装 OpenAI 和 Gradio 库，因此 Pip 也需要安装在电脑上。

打开 Windows 系统上的电脑终端（命令提示符），运行下面的命令来更新 Pip（见图 5.15）：

```
python -m pip install -U pip
```

注意：若在 Linux 或其他平台上，则使用 python3 和 pip3，运行下面的命令来更新 Pip：

```
Python3 -m pip3 install -U pip
```

图 5.15　升级 Pip

3. 安装 OpenAI 和 Gradio 库

（1）在终端，运行下面的命令，用 Pip 安装 OpenAI 库，安装过程见图 5.16。

```
pip install openai
```

注意：如果该命令不起作用，请尝试用 pip3 运行它，即执行命令：

```
pip3 install openai
```

图 5.16　用 Pip 安装 OpenAI 库

（2）安装完成后，需要继续安装 Gradio。调用 Gradio 能快速开发一个友好的网络界面，从而实现人机交互的人工智能聊天机器人。此外，Gradio 还能通过一个可分享链接的方式轻松地在互联网上分享聊天机器人。采用以下命令安装 Gradio，安装过程如图 5.17 所示。

```
pip install gradio
```

图 5.17　安装 Gradio

4. 代码编辑器

需要下载一个代码编辑器来编辑代码。在 Windows 上，推荐使用 Notepad++ 编辑代码，下载地址如下：

https://notepad-plus.en.softonic.com/download

安装好 Notepad++ 后，运行 Notepad++，出现其操作界面，见图 5.18。

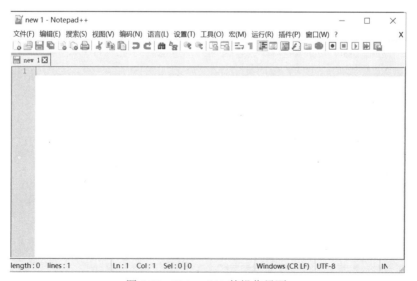

图 5.18　Notepad++ 的操作界面

注意：也可以在平台上使用 VS Code 进行代码编辑。如果是在 macOS 和 Linux 上，则可以安装 Sublime Text。如果是 ChromeOS，则可以使用 Caret 应用程序来编辑代码。

5.2.4 获取 OpenAI 的 API 密钥

要创建一个由 ChatGPT 驱动的人工智能聊天机器人，需要一个 OpenAI 的 API 密钥。API 密钥将允许在自己开发的系统中调用 ChatGPT 并显示对话结果。目前，OpenAI 正在提供免费的 API 密钥，前三个月有价值 5 美元的免费额度，而早期的用户甚至有价值 18 美元的免费信用。在免费信用用完后，需要为 API 支付访问付费。

（1）前往 platform.openai.com/signup，创建一个免费账户。如果你已经有一个 OpenAI 账户，只需登录。图 5.19 显示了用户登录页面。

（2）登录后，在右上角点击你的个人资料，从下拉菜单中选择"View API keys"，见图 5.20。

（3）在这里，点击"Create new secret key"并复制 API 密钥，见图 5.21。注意：由于以后不能复制或查看整个 API 密钥，因此，强烈建议立即将 API 密钥复制并粘贴到记事本文件中。

（4）此外，不要公开分享或显示 API 密钥。这是一个私人密钥，只能用于访问个人账户，也可以删除 API 密钥并创建多个私人密钥，密钥最多是 5 个。

Create your account

Note that phone verification may be required for signup. Your number will only be used to verify your identity for security purposes.

Email address

Continue

Already have an account? Log in

OR

G Continue with Google

■ Continue with Microsoft Account

  Continue with Apple

图 5.19　OpenAI 账户登录页面

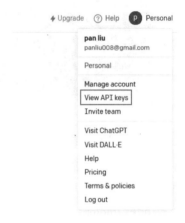

⚡ Upgrade　⑦ Help　Ⓟ Personal

pan liu
panliu008@gmail.com

Personal

Manage account

View API keys

Invite team

Visit ChatGPT

Visit DALL·E

Help

Pricing

Terms & policies

Log out

图 5.20　个人信息菜单

API keys

Your secret API keys are listed below. Please note that we do not display your secret API keys again after you generate them.

Do not share your API key with others, or expose it in the browser or other client-side code. In order to protect the security of your account, OpenAI may also automatically disable any API key that we've found has leaked publicly.

NAME	KEY	CREATED	LAST USED ⓘ		
MyChatGPTAPI	sk-...u9Lp	2023年8月22日	Never	✎	🗑

＋ Create new secret key

Default organization

If you belong to multiple organizations, this setting controls which organization is used by default when making requests with the API keys above.

Personal ⌄

Note: You can also specify which organization to use for each API request. See Authentication to learn more.

图 5.21　创建 API 密钥页面

5.2.5　用 ChatGPT API 和 Gradio 建立 AI 聊天机器人

为了部署 AI 聊天机器人，需要使用 OpenAI 最新的 "GPT-3.5-turbo" 模型。该模型已经训练到 2021 年 9 月，并为 GPT-3.5 提供动力。该模型同时也非常具有成本效益，比早期的模型反应更快，并能记住对话的背景。另外，可以使用 Gradio 创建一个简单的界面，可以同时在本地和网络上使用。

（1）首先，打开 Notepad++（或其他代码编辑器）并粘贴以下代码。本文使用了 GitHub 上的 armrrs 编写的代码，实现了 Gradio 界面。

```python
import openai
import gradio as gr

openai.api_key = "Your API key"
messages = [
    {"role": "system", "content": "You are a helpful and kind AI
Assistant."},
]

def chatbot(input):
    if input:
        messages.append({"role": "user", "content": input})
        chat = openai.ChatCompletion.create(
            model="gpt-3.5-turbo", messages=messages
        )
        reply = chat.choices[0].message.content
        messages.append({"role": "assistant", "content": reply})
        return reply

inputs = gr.inputs.Textbox(lines=7, label="Chat with AI")
outputs = gr.outputs.Textbox(label="Reply")

gr.Interface(fn=chatbot, inputs=inputs, outputs=outputs, title="AI
Chatbot",
             description="Ask anything you want",
             theme="compact").launch(share=True)
```

（2）这是它在代码编辑器中的样子。确保将 "Your API key" 文本替换为图 5.21 中生成的 API 密钥，见图 5.22。注意：图 5.21 中的 key 是不能查看的。

（3）接下来，点击顶部菜单中的 "文件"，从下拉菜单中选择 "另存为 (A)..."，见图 5.23。

（4）将文件另存为 "app.py"，并从下拉菜单中将 "保存类型" 改为 "所有类型"。然后，将文件保存到一个容易访问的位置，如桌面，见图 5.24。注意：文件名必须是 .py。

（5）选择桌面上保存的文件 app.py，右键单击它，选择【属性】，找到 app.py 所在位置并进行拷贝，见图 5.25。

（6）打开终端，运行以下命令。即输入 python，加一个空格，粘贴路径（右键快速粘贴），然后点击回车，见图 5.26。注意：在 Linux 系统上，需要使用 Python3。

```
python "C:\Users\Go\Desktop\app.py"
```

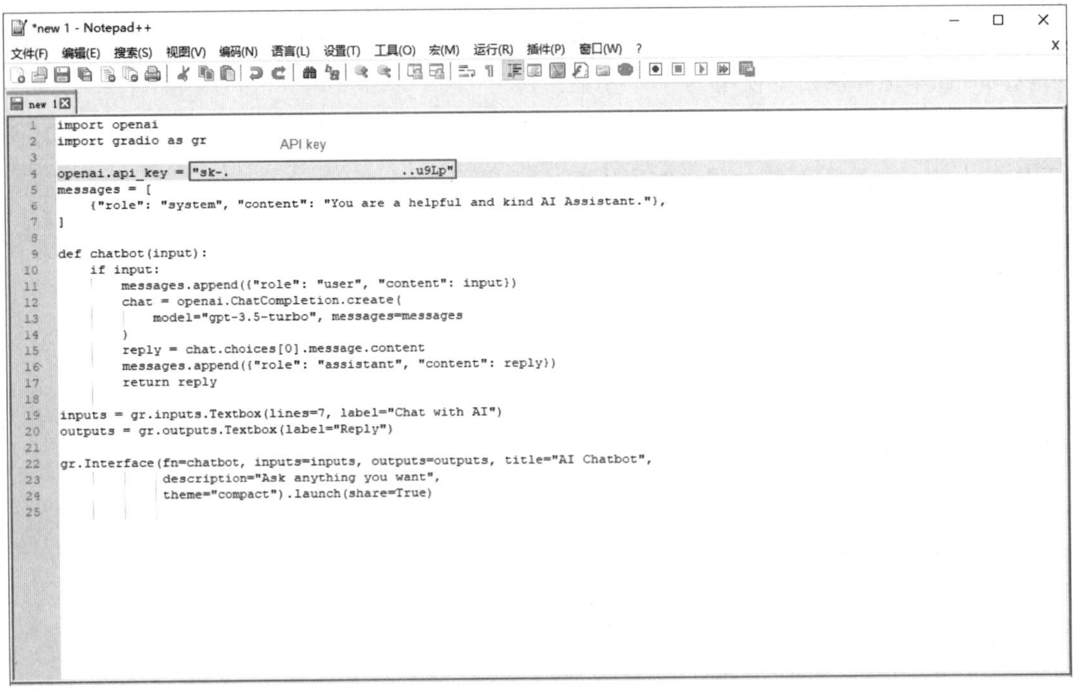

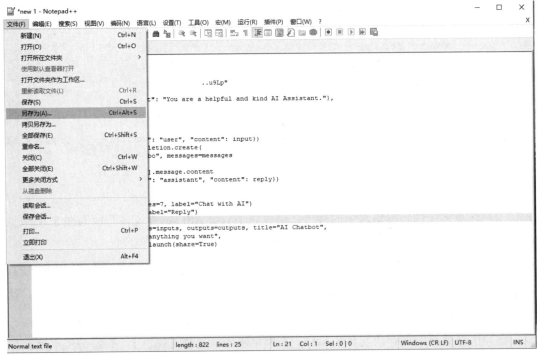

图 5.22　在 Notepad++ 中编辑代码

图 5.23　文件另存为菜单

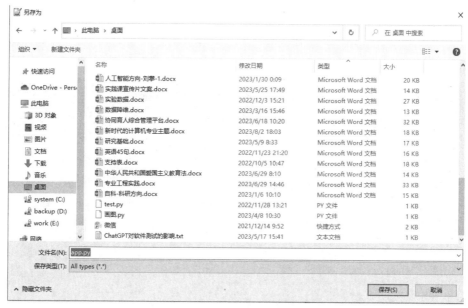

图 5.24　保存文件到桌面

图 5.25　获得文件路径

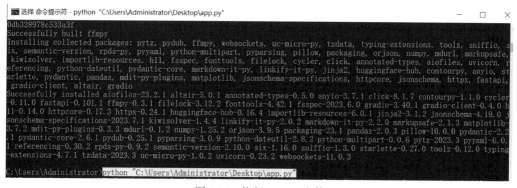

图 5.26　执行 app.py 文件

（7）如果存在一些警告，可以不需要理会它们。在底部，存在一个本地和公共 URL，见图 5.27，随后，将拷贝 URL 并将其粘贴到网络浏览器中。

图 5.27　生成的本地和公共 URL

（8）随后，可以直接在网页中访问使用 ChatGPT API 建立的人工智能聊天机器人。再通过提问，得到 ChatGPT 回复的答案，见图 5.28。

图 5.28　基于 ChatGPTAPI 的 AI 聊天机器人

（9）在图 5.27 中，URL 地址下面一行是可以复制的公共网址，用于与朋友和家人分享，见图 5.29。该链接将持续 72 小时，但前提是必须保持电脑开机，实际上服务器实例是在电脑上运行的。

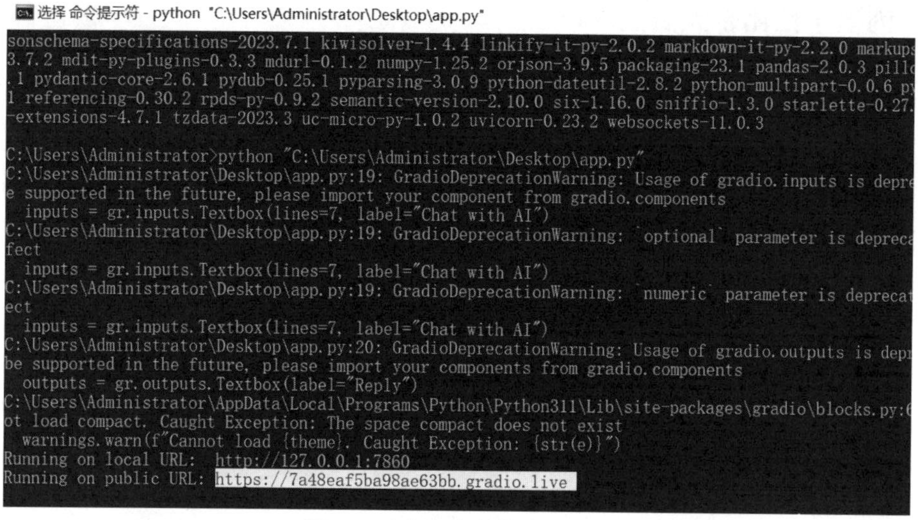

图 5.29　家庭分享的公共网址

（10）要停止服务器，移动到终端并按"Ctrl + C"，停止后回到"C:\Users\Administrator>"，见图 5.30。如果不起作用，再按一次"Ctrl + C"。

图 5.30　停止服务器

（11）要重启 AI 聊天机器人服务器，只需再次复制文件的路径，并再次运行下面的命令（与第 6 步类似），见图 5.31。注意：重启后的本地 URL 是相同的，但公共 URL 将在每次服务器重启后改变。

```
python "C:\Users\Administrator\Desktop\app.py"
```

图 5.31　重启服务命令

5.2.6　创建个性化聊天机器人

在使用 ChatGPTAPI 创建聊天机器人时，也可以用"GPT-3.5-turbo"模型为使用者分配一个角色，从而让聊天机器人变得有趣、可爱，或成为食品、技术、健康或任意领域的专家。我们仅仅需要在代码中做一个小小的改动，聊天机器人就会被个性化处置。例如，创建一个食品 AI 聊天机器人，需要以下几个步骤。

（1）在"app.py"文件上点击右键，选择【打开方式】，点击"Notepad++: a free (GNU) source code editor"子菜单，见图 5.32。

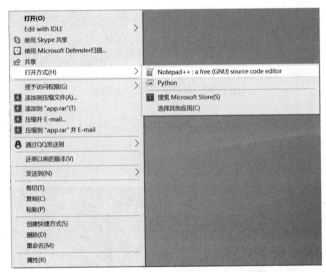

图 5.32　用 Notepad 打开"app.py"文件

（2）对代码中的 messages 部分进行如下特定修改，将信息反馈给 AI，让它承担这个角色，再按【File】菜单中的【Saveas】，将该文件另存为 app1.py，见图 5.33。

```
messages = [
      {"role": "system", "content": "You are an AI specialized in
Food. Do not answer anything other than food-related queries.
   "}, ]
```

```
import openai
import gradio as gr

openai.api_key = "sk-PimFg1Funk9Z2j2nv2k6T3B1bkFJMp48UE4M1w8woCbr5vIK"
messages = [
    {"role": "system", "content": "You are an AI specialized in Food. Do not answer anything other than food-related queries."},
]

def chatbot(input):
    if input:
        messages.append({"role": "user", "content": input})
        chat = openai.ChatCompletion.create(
            model="gpt-3.5-turbo", messages=messages
        )
        reply = chat.choices[0].message.content
        messages.append({"role": "assistant", "content": reply})
        return reply

inputs = gr.inputs.Textbox(lines=7, label="Chat with AI")
outputs = gr.outputs.Textbox(label="Reply")

gr.Interface(fn=chatbot, inputs=inputs, outputs=outputs, title="AI Chatbot",
            description="Ask anything you want",
            theme="compact").launch(share=True)
```

图 5.33　修改代码中的 messages 信息

（3）打开终端，采用类似于上面的方式运行"app1.py"文件，得到一个本地和公共 URL，见图 5.34。复制本地的 URL，拷贝到浏览器中。如果一个服务器已经在运行，按"Ctrl + C"将其停止。然后再重新启动服务器。注意：对"app1.py"文件的每一个改动之后，都必须重新启动服务器。

```
python "C:\Users\mearj\Desktop\app1.py"
```

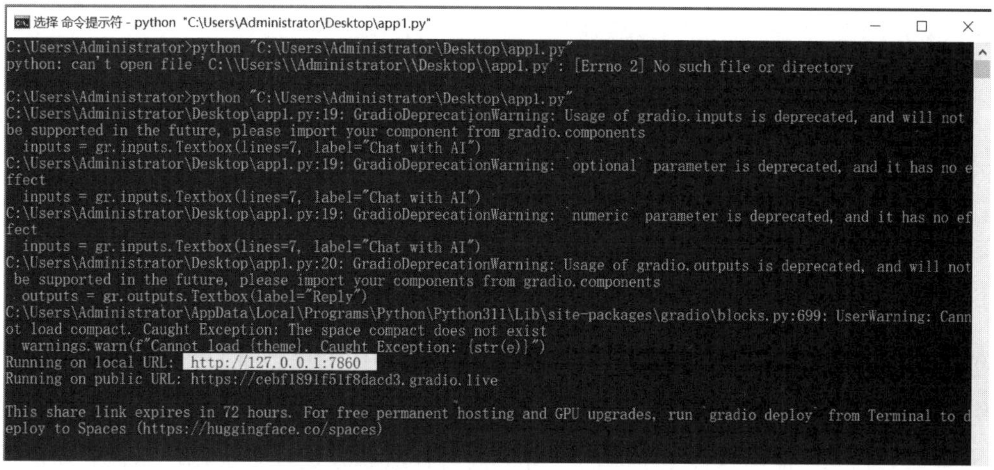

图 5.34　再次启动服务器

（4）在网络浏览器中打开本地 URL，得到一个个性化的人工智能聊天机器人，只回答与食物有关的询问，见图 5.35。此外，我们可以创建一个博士人工智能，一个像莎士比亚一样回答的人工智能，用摩斯密码说话的人工智能，只需要我们修改 message 里面的内容即可。

图 5.35　食物相关的 AI 聊天机器人

5.2.7　小结

综上所述，调用 ChatGPT API 可以建立自己的 AI 聊天机器人，还可以通过修改代码中的 message 信息，实现聊天机器人角色的个性化定制。人工智能的可能性是无限的，只需要发挥我们的想象力，就可以让 AI 聊天机器人实现我们想做的事情。

5.3　Python 调用 ChatGPT API ≫≫≫

本节的学习需要读者具备 Python 编程的基础知识，从而能够理解和读懂本节中所写的 Python 代码。

5.3.1　官方解读

打开网址 https://platform.openai.com/docs/models/overview，可以看到 OpenAI 关于模型的最新介绍，见图 5.36。目前，ChatGPT 最新版本使用的模型是 GPT-4，该模型的 API 是给那些付费用户使用。该模型的特点是最大支持的 tokens 数量是 8192 个，并且比 GPT-3.5 模型要更强大，能够执行更复杂的任务，同时针对聊天进行了优化，迭代更新的周期是两周，见图 5.37。为了让普通读者都可以使用 ChatGPT API，本节主要介绍免费的 GPT-3.5 模型的 Python 调用方法，而 GPT-4 模型的调用是类似的。

图 5.38 是官方网站上关于 GPT-3.5-turbo 模型的介绍，从中可知 GPT-3.5 模型可以理解和生成自然语言或代码，能够支持最大 tokens 数量是 4096 个。在 GPT-3.5 系列中，GPT-3.5-turbo 模型的能力最强，且成本效益更优。目前该模型已经针对聊天完成了 API 的优化，同时还能适用于传统的任务完成。非常遗憾，无论是 GPT-4 还是 GPT-3，其历史训练数据均截止到 2021 年 9 月，目前所有 GPT 版本均无法直接获取到 2021 年 9 月之后的数据，或许我们需要等到 GPT-5 发布才能获得到最新的数据。

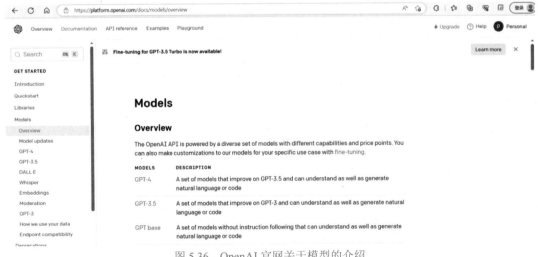

图 5.36　OpenAI 官网关于模型的介绍

GPT-4

> ❶ GPT-4 is currently accessible to those who have made at least one successful payment through our developer platform.

GPT-4 is a large multimodal model (accepting text inputs and emitting text outputs today, with image inputs coming in the future) that can solve difficult problems with greater accuracy than any of our previous models, thanks to its broader general knowledge and advanced reasoning capabilities. Like `gpt-3.5-turbo`, GPT-4 is optimized for chat but works well for traditional completions tasks using the Chat completions API. Learn how to use GPT-4 in our GPT guide.

LATEST MODEL	DESCRIPTION	MAX TOKENS	TRAINING DATA
gpt-4	More capable than any GPT-3.5 model, able to do more complex tasks, and optimized for chat. Will be updated with our latest model iteration 2 weeks after it is released.	8,192 tokens	Up to Sep 2021
gpt-4-0613	Snapshot of gpt-4 from June 13th 2023 with function calling data. Unlike gpt-4, this model will not receive updates, and will be deprecated 3 months after a new version is released.	8,192 tokens	Up to Sep 2021
gpt-4-32k	Same capabilities as the standard gpt-4 mode but with 4x the context length. Will be updated with our latest model iteration.	32,768 tokens	Up to Sep 2021

图 5.37　GPT-4 模型的介绍

GPT-3.5

GPT-3.5 models can understand and generate natural language or code. Our most capable and cost effective model in the GPT-3.5 family is `gpt-3.5-turbo` which has been optimized for chat using the Chat completions API but works well for traditional completions tasks as well.

LATEST MODEL	DESCRIPTION	MAX TOKENS	TRAINING DATA
gpt-3.5-turbo	Most capable GPT-3.5 model and optimized for chat at 1/10th the cost of text-davinci-003. Will be updated with our latest model iteration 2 weeks after it is released.	4,096 tokens	Up to Sep 2021

图 5.38　GPT-3.5 的官方介绍

5.3.2　预处理

为了在 Python 中直接调用 ChatGPT API，需要先获取一个 API key。

（1）打开网站

https://platform.openai.com/login

显示图 5.39，点击页面中的【Sign up】，进入注册页面，见图 5.40，注册一个 OpenAI 账号。由图 5.39 可知，除了直接注册账号外，用户还可以使用 Google 账号、微软账号和苹果账号直接登录。

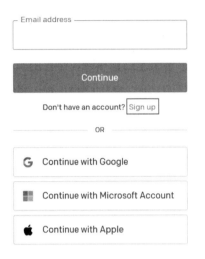

图 5.39　OpenAI 网站的登录页面

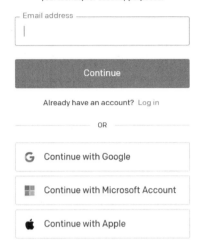

图 5.40　OpenAI 网站的注册页面

（2）登录该账号，进入网站

https://platform.openai.com/account/api-keys

见图 5.41，选择【Create new secret key】，显示创建 key 名称的对话框，见图 5.42，输入 key 名称，再点击【Create secret key】，获得一个 API key，见图 5.43，拷贝该 key 到一个文本文件中。

API keys

Your secret API keys are listed below. Please note that we do not display your secret API keys again after you generate them.

Do not share your API key with others, or expose it in the browser or other client-side code. In order to protect the security of your account, OpenAI may also automatically disable any API key that we've found has leaked publicly.

NAME	KEY	CREATED	LAST USED ⓘ		
MyChatGPTAPI	sk-...u9Lp	2023年8月22日	Never	✎	🗑
Key	sk-...5vIK	2023年8月22日	2023年8月22日	✎	🗑

+ Create new secret key

Default organization

If you belong to multiple organizations, this setting controls which organization is used by default when making requests with the API keys above.

Personal ▾

Note: You can also specify which organization to use for each API request. See Authentication to learn more.

图 5.41　创建 APIkey 页面

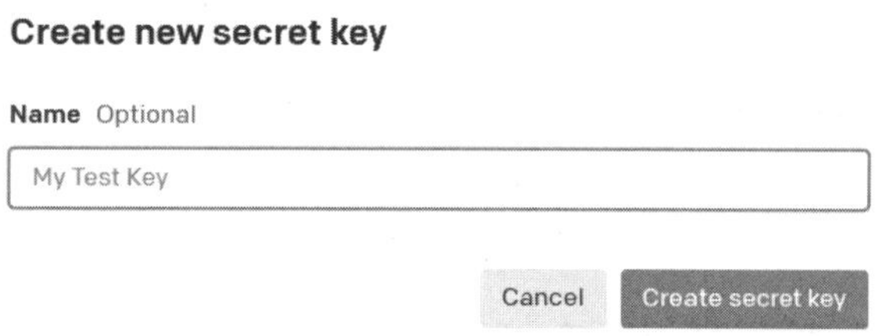

Create new secret key

Name Optional

My Test Key

Cancel　　Create secret key

图 5.42　创建 key 名称

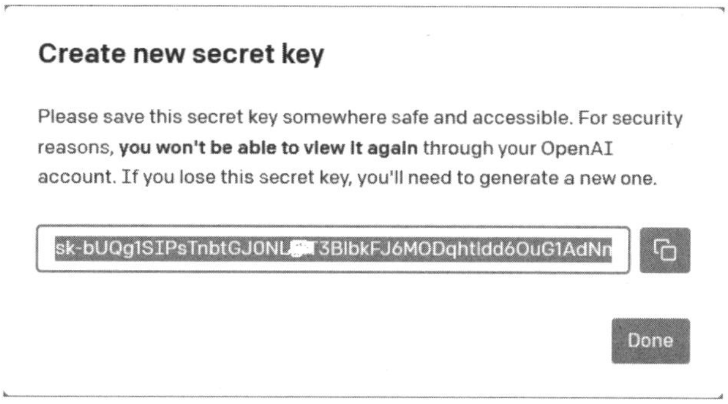

Create new secret key

Please save this secret key somewhere safe and accessible. For security
reasons, **you won't be able to view it again** through your OpenAI
account. If you lose this secret key, you'll need to generate a new one.

sk-bUQg1SIPsTnbtGJ0NL▨T3BlbkFJ6MODqhtldd6OuG1AdNn

Done

图 5.43　生成一个 key

5.3.3　安装 OpenAI 官方的 Python SDK

接着需要按照 OpenAI 官方的 Python SDK 进行安装，官方推荐安装 OpenAI 的版本是
0.27.0 版本。在命令提示符输入如下代码：

```
pip install openai==0.27.0
```

安装过程见图 5.44 所示。注意：安装 openai 之前一定要完成 Python 的安装，具体详
见 5.2.3 节。

图 5.44　在命令提示符中安装 openai

5.3.4 Python 代码

（1）在 NotePad++ 或者 VScode 中构造如下 Python 代码：

```python
import openai
import json

# 目前需要设置代理才可以访问 api
os.environ["HTTP_PROXY"] = "自己的代理地址"
os.environ["HTTPS_PROXY"] = "自己的代理地址"


def get_api_key():
    # 可以自己根据自己实际情况实现
    # 以我为例子，我是存在一个 openai_key 文件里，json 格式
    '''
    {"api": "你的 api keys"}
    '''
    openai_key_file = '../envs/openai_key'
    with open(openai_key_file, 'r', encoding='utf-8') as f:
        openai_key = json.loads(f.read())
    return openai_key['api']

openai.api_key = get_api_key()

q = "用python实现：提示手动输入3个不同的3位数区间，输入结束后计算这3个区间的交集，并输出结果区间"
rsp = openai.ChatCompletion.create(
  model="gpt-3.5-turbo",
  messages=[
        {"role": "system", "content": "一个有10年Python开发经验的资深算法工程师"},
        {"role": "user", "content": q}
    ]
)
```

（2）将上述代码保存为 app2.py 文件。

（3）代码解析

get_api_key() 函数是一个从文件读取 API keys 的方法，结果存在一个 openai_key 文件里，并采用了 json 格式；

- q 是请求的问题；
- rsp 是发送请求后返回结果；
- openai.ChatCompletion.create 中参数；
- model 是使用的模型名称，用一个字符串表示，此处设置为"gpt-3.5-turbo"；
- messages 是请求的文本内容，是一个列表，列表里每个元素类型是字典，具体含义如表 5.1 所示。

表 5.1　message 中的参数含义

参　　数	参　数　值	含　　义
role	system	可以设置机器人的角色
role	assistant	表示机器回复内容
role	user	表示用户提问内容
content	q	问题内容

注意：代码中的以下两句：

```
os.environ["HTTP_PROXY"] = "自己的代理地址"
os.environ["HTTPS_PROXY"] = "自己的代理地址"
```

需要填写自己的代理地址，这是由于我们是通过代理方式访问 ChatGPT，有关代理地址的生成方式可以参考 5.2.5 节中 URL 地址的生成，将这个生成的地址填入即可。

（4）ChatGPT 接口请求参数

GPT-API 和 ChatGPT API（即 GPT-3.5API）之间的差异如下：

- GPT-3 API 的必选参数为 model，参数 prompt 为可选；
- ChatGPT API（即 GPT-3.5 API）所需的参数是 model 和 messages。

在使用 ChatGPT API（即 GPT-3.5 API）时可以看到：

- prompt 参数甚至不是一个有效的参数，因为它被 messages 参数替换。
- messages 参数是必需的。

Json 文件实例如下：

```
uni.request({
    url: 'https://api.openai.com/v1/completions',
    method: 'POST',
    data: {
        "model": "gpt-3.5-turbo",
        "messages": [{
            "role": "user",
            "content": '中共二十大是什么时候召开的?'
        }],
        "max_tokens": 512,
        "top_p": 1,
        "temperature": 0.5,
        "frequency_penalty": 0,
        "presence_penalty": 0
    },
    header: {
        'content-type': 'application/json', //默认值
        'Authorization': 'Bearer sk-xxxxxxxxxxxxxxxxxxxx' //APIkey
    },

    success: function(res) {
```

```
                console.log('成功',res);
        },

        fail: function(res) {
                //console.log('失败', res)
                uni.showToast({
                        title: '服务器爆满! 请重新请求',
                        icon: 'none',
                        duration: 5000 //持续的时间
                });
        }
});
```

在上述 json 代码中，起作用的内容是：

a）POST 申请

POST 的申请网站为 https://api.openai.com/v1/chat/completions。

b）主体内容

```
{"model": "gpt-3.5-turbo", "messages": [{"role": "user", "content":
"Hello!"}], "max_tokens": 512, "top_p": 1, "temperature": 0.5,
"frequency_penalty": 0, "presence_penalty": 0}
```

c）授权 key

```
Bearer sk-xxxxxxxxxxxxxxxxxxxx//此处就是ChatGPT API key
```

d）标题

```
Content-Type: application/json
```

5.3.5　代码运行

在命令提示符输入如下语句来执行 app2.py 文件：

```
python "C:\Users\Go\Desktop\app2.py"
```

注意："C:\Users\Go\Desktop\" 是 app2.py 的路径。也可以直接在 Python 编辑器（如 JupyterNotebook 或 Spyder）中运行 app2.py。代码的运行结果如图 5.45 所示。

可以通过以下语句，将获取的信息直接打印出来。

```
print(rsp.get("choices")[0]["message"]["content"])
print(rsp.get("choices")[0]["message"]["role"])
print(rsp.get(("usage")["total_tokens"]))
```

上述代码的作用如下：

（1）返回消息代码：rsp.get("choices")[0]["message"]["content"]

（2）返回角色代码：rsp.get("choices")[0]["message"]["role"]

（3）返回问题和回答总长度代码：rsp.get("usage")["total_tokens"]

执行之后，显示结果如图 5.46 所示。

```
Out[4]: <OpenAIObject chat.completion id=chatcmpl-6phIdaU9ixLZNp7vVl0A9I6FHpqoX at 0x7f93d10d4cc0> JSON: {
  "choices": [
    {
      "finish_reason": "stop",            rsp["choices"][0]["message"]["content"]
      "index": 0,
      "message": {
        "content": "\u53ef\u4ee5\u4f7f\u7528\u4ee5\u4e0b\u4ee3\u7801\u5b9e\u73b0\uff1a\n\n``` python\n#\u624b\u52
a8\u8f93\u51653\u4e2a\u4e0d\u540c\u76843\u4f4d\u6570\u533a\u95f4\nrange_1 = input(\"\u8bf7\u8f93\u5165\u7b2c\u4e00\u4e
2a\u533a\u95f4\uff0c\u683c\u5f0f\u4e3a\u2018a-b\u2019\uff08\u3001b\u4e3a3\u4f4d\u6570\uff09\uff1a\")\nrange_2 = inp
ut(\"\u8bf7\u8f93\u5165\u7b2c\u4e8c\u4e2a\u533a\u95f4\uff0c\u683c\u5f0f\u4e3a\u2018a-b\u2019\uff08\u3001b\u4e3a3\u4f
4d\u6570\uff09\uff1a\")\nrange_3 = input(\"\u8bf7\u8f93\u5165\u7b2c\u4e09\u4e2a\u533a\u95f4\uff0c\u683c\u5f0f\u4e3a\u
2018a-b\u2019\uff08\u3001b\u4e3a3\u4f4d\u6570\uff09\uff1a\")\n\n#\u89e3\u6790\u533a\u95f4\nrange_1 = [int(x) for x i
n range_1.split(\"-\")]\nrange_2 = [int(x) for x in range_2.split(\"-\")]\n\n#\u8ba1\u7b97\u4ea4\u96c6\nintersect = [max(range_1[0], range_2[0], range_3[0]), min(range_1[1], range_2
[1], range_3[1])]\n\n#\u8f93\u51fa\u7ed3\u679c\u533a\u95f4\nprint(\"\u4e09\u4e2a\u533a\u95f4\u7684\u4ea4\u96c6\u4e3a
\uff1a{0}-{1}\".format(intersect[0], intersect[1]))\n```\n\n\u8fd0\u884c\u793a\u4f8b\uff1a\n\n```\n\u8bf7\u8f93\u5165
\u7b2c\u4e00\u4e2a\u533a\u95f4\uff0c\u683c\u5f0f\u4e3a\u2018a-b\u2019\uff08\u3001b\u4e3a3\u4f4d\u6570\uff09\uff1a100
-300\n\u8bf7\u8f93\u5165\u7b2c\u4e8c\u4e2a\u533a\u95f4\uff0c\u683c\u5f0f\u4e3a\u2018a-b\u2019\uff08\u3001b\u4e3a3\u4f
4d\u6570\uff09\uff1a150-500\n\u8bf7\u8f93\u5165\u7b2c\u4e09\u4e2a\u533a\u95f4\uff0c\u683c\u5f0f\u4e3a\u2018a-b\u2019
\uff08\u3001b\u4e3a3\u4f4d\u6570\uff09\uff1a200-400\n\u4e09\u4e2a\u533a\u95f4\u7684\u4ea4\u96c6\u4e3a\uff1a200-300\n
```",
        "role": "assistant"
      }
    }
  ],
  "created": 1677779191,
  "id": "chatcmpl-6phIdaU9ixLZNp7vVl0A9I6FHpqoX",
  "model": "gpt-3.5-turbo-0301",
  "object": "chat.completion",
  "usage": {
    "completion_tokens": 356,
    "prompt_tokens": 69,
    "total_tokens": 425
  }
}
```

图 5.45　app2.py 的运行结果

```
In [8]: print(rsp.get("choices")[0]["message"]["content"])
```

```
可以使用以下代码实现：

``` python
#手动输入3个不同的3位数区间
range_1 = input("请输入第一个区间, 格式为'a-b' (a、b为3位数)：")
range_2 = input("请输入第二个区间, 格式为'a-b' (a、b为3位数)：")
range_3 = input("请输入第三个区间, 格式为'a-b' (a、b为3位数)：")

#解析区间
range_1 = [int(x) for x in range_1.split("-")]
range_2 = [int(x) for x in range_2.split("-")]
range_3 = [int(x) for x in range_3.split("-")]

#计算交集
intersect = [max(range_1[0], range_2[0], range_3[0]), min(range_1[1], range_2[1], range_3[1])]

#输出结果区间
print("三个区间的交集为：{0}-{1}".format(intersect[0], intersect[1]))
```

运行示例：

```
请输入第一个区间, 格式为'a-b' (a、b为3位数)：100-300
请输入第二个区间, 格式为'a-b' (a、b为3位数)：150-500
请输入第三个区间, 格式为'a-b' (a、b为3位数)：200-400
三个区间的交集为：200-300
```
```

```
In [9]: print(rsp.get("choices")[0]["message"]["role"])

assistant
```

```
In [10]: print(rsp.get("usage")["total_tokens"])

425
```

图 5.46　输出代码的相关信息

依据图 5.46 中的提示，输入如下代码，返回结果如图 5.47 所示。

```
#手动输入3个不同的3位数区间
range_1 = input("请输入第一区间, 格式为'a-b' (a、b为3位数)：")
range_2 = input("请输入第二区间, 格式为'a-b' (a、b为3位数)：")
range_3 = input("请输入第三区间, 格式为'a-b' (a、b为3位数)：")
```
```

```
#解析区间
range_1 = [int(x) for x in range_1.split("-")]
range_2 = [int(x) for x in range_2.split("-")]
range_3 = [int(x) for x in range_3.split("-")]

#计算交集
intersect = [max(range_1[0], range_2[0], range_3[0]), min(range_1[1],
range_2[1], range_3[1])]

#输出结果区间
print("三个区间的交集为: {0}-{1}".format(intersect[0], intersect[1]))
```

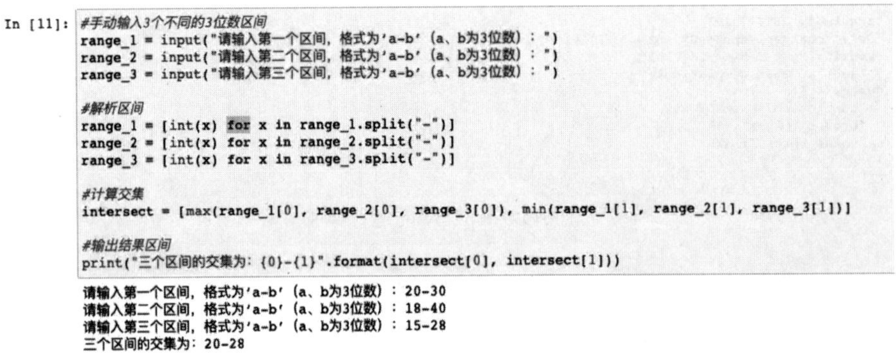

图 5.47   求解三个区间的交集

5.3.6   多轮对话

如何实现多轮对话呢？GPT-3.5-turbo 模型调用 openai.ChatCompletion.create 里传入的 message 是一个列表，列表里每个元素是字典，包含了角色和内容，只需将每轮对话都存储起来，然后每次提问都带上之前的问题和回答就可以实现多轮对话。

（1）案例背景

与 ChatGPT 谈论 Python，随后讲解 1+1 的数学运算和水仙花数目，ChatGPT 都将随后这些讨论都当作是 Python 相关的内容。

（2）编写代码

在编写这个案例的代码之前，假定读者都已经按照 5.3.1-5.3.4 进行了相关操作。随后，更改 5.3.4 中的代码，实现与 ChatGPT 进行 Python 讨论的多轮对话，具体代码如下。

```
import openai
import json
import os

os.environ["HTTP_PROXY"] = "http://127.0.0.1:7860" #参考5.2.5
os.environ["HTTPS_PROXY"] = "http://127.0.0.1:7860"

# 获取 api
```

```python
def get_api_key():
    # 可以自己根据自己实际情况实现
    # 以我为例子，我是存在一个openai_key文件里，json格式
    '''
    {"api": "你的api keys"}
    '''
    openai_key_file = '../envs/openai_key' #此处可以直接填入APIkey
    with open(openai_key_file, 'r', encoding='utf-8') as f:
        openai_key = json.loads(f.read())
    return openai_key['api']
openai.api_key = get_api_key()


class ChatGPT:
    def __init__(self, user):
        self.user = user
        self.messages = [{"role": "system", "content": "一个有10年
Python开发经验的资深算法工程师"}]
        self.filename="./user_messages.json"


    def ask_gpt(self):
        # q = "用python实现：提示手动输入3个不同的3位数区间，输入结束后计算这
3个区间的交集，并输出结果区间"
        rsp = openai.ChatCompletion.create(
          model="gpt-3.5-turbo",
          messages=self.messages
        )
        return rsp.get("choices")[0]["message"]["content"]


    def writeTojson(self):
        try:
            # 判断文件是否存在
            if not os.path.exists(self.filename):
                with open(self.filename, "w") as f:
                    # 创建文件
                    pass
            # 读取
            with open(self.filename, 'r', encoding='utf-8') as f:
                content = f.read()
                msgs = json.loads(content) if len(content) > 0 else {}
            # 追加
            msgs.update({self.user : self.messages})
            # 写入
            with open(self.filename, 'w', encoding='utf-8') as f:
                json.dump(msgs, f)
        except Exception as e:
```

```python
            print(f"错误代码: {e}")


def main():
    user = input("请输入用户名称: ")
    chat = ChatGPT(user)

    # 循环
    while 1:
        # 限制对话次数
        if len(chat.messages) >= 11:
            print("*****************************")
            print("*********强制重置对话*********")
            print("*****************************")
            # 写入之前信息
            chat.writeTojson()
            user = input("请输入用户名称: ")
            chat = ChatGPT(user)

        # 提问
        q = input(f"【{chat.user}】")

        # 逻辑判断
        if q == "0":
            print("*********退出程序*********")
            # 写入之前信息
            chat.writeTojson()
            break
        elif q == "1":
            print("*************************")
            print("*********重置对话*********")
            print("*************************")
            # 写入之前信息
            chat.writeTojson()
            user = input("请输入用户名称: ")
            chat = ChatGPT(user)
            continue

        # 提问-回答-记录
        chat.messages.append({"role": "user", "content": q})
        answer = chat.ask_gpt()
        print(f"【ChatGPT】{answer}")
        chat.messages.append({"role": "assistant", "content": answer})


if __name__ == '__main__':
    main()
```

（3）代码解释

ChatGPT 类包含三个函数：

• _ _init_ _ 初始化函数，初始化了三个实例变量，user、messages、filename（当前用户、消息列表、存储记录的文件路径）。

• ask_gpt 函数，将当前用户所有历史消息 + 最新提问发送给 GPT-3.5-turbo，并返回响应结果。

• writeTojson 函数，结束 / 重置用户时记录当前用户之前的访问数据。

main 函数是程序入口函数，用户输入用户名后进入与 ChatGPT 的循环对话中，输入 0 退出程序，输入 1 重置用户，退出和重置都会将当前用户之前访问数据记录搭配 json 文件中。

注意：由于 GPT-3.5-turbo 模型单次请求最大 token 数为：4096，所以代码里限制了下对话次数。另外，在这个代码中，我们使用了 5.2.5 中的 URL 作为代理，因此需要提前开启服务器。

（4）代码执行

将上述代码拷贝到 Python 编辑器中，运行后可以输入一些内容，得到图 5.48。

```
请输入用户名称：简说Python
【简说Python】1+1=几
【ChatGPT】1+1 = 2。
【简说Python】为什么是这样
【ChatGPT】在基本的数学中，1代表一个单位，加上另一个1也代表一个单位，总共就有两个单位，所以1+1=2。这是基础的数值计算。在计算机中也是如此，1对应二进制的1，加上另一个1对应二进制的1，就变成了10，也就是二进制的2。所以在计算机中，1+1也等于2。
【简说Python】水仙花数有哪些
【ChatGPT】水仙花数是指一个$n$位的数，其各位数字的$n$次方之和等于它本身。例如：

- 153是一个水仙花数，因为$1^3+5^3+3^3=153$
- 370也是一个水仙花数，因为$3^3+7^3+0^3=370$
- 371还是一个水仙花数，因为$3^3+7^3+1^3=371$

以下是较小的水仙花数列表（不含前导0）：

153, 370, 371, 407, 1634, 8208, 9474, 54748, 92727, 93084, 548834, …
【简说Python】如何写个python程序来识别这些数
【ChatGPT】以下是一个基本的Python程序来识别水仙花数：

```python
# 定义一个函数 is_narcissistic_number(n)，用于判断一个整数 n 是否为水仙花数
def is_narcissistic_number(n):
    # 获取 n 的位数
    k = len(str(n))
    # 计算每个数字的 k 次方之和
    sum = 0
    temp = n
    while temp > 0:
        digit = temp % 10
        sum += digit ** k
        temp //= 10
    # 如果和等于 n 则说明 n 是水仙花数，否则不是
    if n == sum:
        return True
    else:
        return False

# 将 100~999 的整数都遍历判断一下
for i in range(100, 1000):
    if is_narcissistic_number(i):
        print(i)
```

运行此程序，可以输出 100 到 999 之间的所有水仙花数，即：

```
153
370
371
407
```
【简说Python】0
*********退出程序**********
```

图 5.48　一个实现多轮对话的实例

由图 5.48 可知，在问了"1+1= 几"后，然后再问"为什么是这样"，ChatGPT 会根据前面的提问将新问题识别为"为什么 1+1=2"。后面继续问水仙花数有哪些，再问"如何写个 Python 程序来识别这些数"，ChatGPT 同样会根据前面的提问将新问题识别为"如何写个 Python 程序来识别这些水仙花数"，并给出对应解答。

5.3.7 小结

在 Python 中调用 ChatGPT API，可以将 ChatGPT 集成在自己开发的程序中，实现一些特殊的功能，即在 message 中设定 ChatGPT 的角色。为了实现这个目的，需要先获得 OpenAI 的 API 密码，再安装 openai，随后编写代码实现我们需要的功能。

5.4 智能语音机器人 》》》

随着人工智能技术的不断发展，语音聊天机器人已经融入人们的生活当中，如小爱同学、小度、天猫精灵等。而利用 ChatGPT API 能够开发一个端到端的语音聊天机器人，本节将介绍使用 ChatGPT API 创建私人语音 Chatbot Web 应用程序的开发过程。

5.4.1 基本步骤

基于 ChatGPT API 的语音聊天机器人的开发包括 3 个基本步骤。
（1）使用 Web Speech API 获得输入的文本。
（2）将获得的文本作为 ChatGPT API 的提示输入。
（3）使用语音合成方式，将 ChatGPT 的输出合成为语音。

5.4.2 Web Speech API 接口

Web Speech API 能将语音数据合并到 Web 应用程序中。Web Speech API 有两个部分：
• SpeechSynthesis 语音合成（文本到语音 TTS）；
• SpeechRecognition 语音识别（异步语音识别）。
Web Speech API 使 Web 应用能够处理语音数据，该项 API 包含以下两个部分：
• 语音识别通过 SpeechRecognition（en-US）接口进行访问，它提供了识别从音频输入（通常是设备默认的语音识别服务）中识别语音情景的能力。使用该接口的构造函数来构造一个新的 SpeechRecognition（en-US）对象，该对象包含了一系列有效的对象处理函数来检测识别设备麦克风中的语音输入。Speech Grammar 接口则表示了应用中想要识别的特定文法。文法则通过 JSpeech Grammar Format（JSGF）来定义。
• 语音合成通过 SpeechSynthesis 接口进行访问，它提供了文字到语音（TTS）的能力，这使得程序能够读出它们的文字内容（通常使用设备默认的语音合成器）。不同的声音类型通过 SpeechSynthesisVoice（en-US）对象进行表示，不同部分的文字则由 SpeechSynthesisUtterance（en-US）对象来表示。可以将它们传递给 SpeechSynthesis.
speak()（en-US）方法来产生语音。

例如，在百度搜索页面中就有使用了 Web Speech API 的语音识别功能，见图 5.49。

图 5.49　百度搜索页面中的语言识别功能

表 5.2 显示了 Web Speech API 接口的汇总。

表 5.2　Web Speech API 接口的汇总

接口类别	名　　称	详　细　信　息
语音识别	SpeechRecognition (en-US)	语音识别服务的控制器接口；它也处理由语音识别服务发来的 SpeechRecognitionEvent（en-US）事件。
	SpeechRecognitionAlternative (en-US)	表示由语音识别服务识别出的一个词汇。
	SpeechRecognitionError (en-US)	表示语音识别服务发出的报错信息。
	SpeechRecognitionEvent (en-US)	result (en-US) 和 nomatch (en-US) 的事件对象，包含了与语音识别过程中间或最终结果相关的全部数据。
	SpeechGrammar	交由语音识别服务进行识别的词汇或者词汇的模式。
	SpeechGrammarList (en-US)	表示一个由 SpeechGrammar 对象构成的列表。
	SpeechRecognitionResult (en-US)	表示一次识别中的匹配项，其中可能包含多个 SpeechRecognitionAlternative (en-US) 对象。
	SpeechRecognitionResultList (en-US)	表示包含 SpeechRecognitionResult (en-US) 对象的一个列表，如果是以 continuous (en-US) 模式捕获的结果，则是单个对象。
语音合成	SpeechSynthesis	语音合成服务的控制器接口，可用于获取设备上可用的合成语音，开始、暂停以及其他相关命令的信息。
	SpeechSynthesisErrorEvent (en-US)	包含了在发音服务处理 SpeechSynthesisUtterance (en-US) 对象过程中的信息及报错信息。
	SpeechSynthesisEvent (en-US)	包含了经由发音服务处理过的 SpeechSynthesisUtterance (en-US) 对象当前状态的信息。
	SpeechSynthesisUtterance (en-US)	表示一次发音请求。其中包含了将由语音服务朗读的内容，以及如何朗读它（例如：语种、音高、音量）。
	SpeechSynthesisVoice (en-US)	表示系统提供的一个声音。每个 SpeechSynthesisVoice 都有与之相关的发音服务，包括了语种、名称和 URI 等信息。
	Window.speechSynthesis (en-US)	由规格文档指定的，被称为 SpeechSynthesis Getter 的 [NoInterfaceObject] 接口的一部分，在 Window 对象中实现，speechSynthesis 属性可用于访问 SpeechSynthesis 控制器，从而获取语音合成功能的入口。

5.4.3 实例

运用 Web Speech API 接口，可以实现语音识别的任务。本节给出了一段 HTML+ JavaScript 代码，实现了基本的语音合成和语音识别功能。具体代码如下：

```html
<!DOCTYPE html>
<html>
<head>
<meta charset="utf-8">
<title>Web Speech API Demo</title>
</head>
<body>
<h1>Web Speech API Demo</h1>
<p>请说出一些文字: </p>
<textarea id="input" cols="50" rows="5"></textarea>
<br>
<button id="speakBtn">语言合成</button>
<button id="transcribeBtn">语音识别</button>
<br>
<p id="transcription"></p>

<script>
    const recognition = new webkitSpeechRecognition();
                                        //实例化语音识别对象

    recognition.continuous = true;      //连续识别，直到 stop()被调用

    const transcribeBtn = document.getElementById('transcribeBtn');
    transcribeBtn.addEventListener('click', function() {
      recognition.start();              //开始语音识别
    });

    recognition.onresult = function(event) {
      let result = '';
      for (let i = event.resultIndex; i < event.results.length; i++) {
        result += event.results[i][0].transcript;
      }
      const transcript = document.getElementById('transcription');
      transcript.innerHTML = result;       //显示语音识别结果

    };

    const speakBtn = document.getElementById('speakBtn');
    speakBtn.addEventListener('click', function() {
      const text = document.getElementById('input').value;
                                        //获取文本框中的文本
      const msg = new SpeechSynthesisUtterance(text);
                                        //实例化语音合成对象
```

```
        window.speechSynthesis.speak(msg);          //开始语音合成
    });
</script>
</body>
</html>
```

上述代码的解释如下：

（1）该文件是一个 .html 的页面文件；

（2）<script> 与 </script> 之间是 JavaScript 语言；

（3）webkitSpeechRecognition 函数是语音识别函数；

（4）SpeechSynthesisUtterance 函数是语言合成对象；

（5）window.speechSynthesis.speak(msg) 调用 window 系统的语言合成。

新建一个 .txt 文件，将上述代码拷贝到其中，然后另存为 demo.html 文件。运行该文件，可以获得一个语音识别和语音合成的网页，见图 5.50。

Web Speech API Demo

请说出一些文字：

中华民族的伟大复兴之路

语言合成　语音识别

图 5.50　包含语言合成和语音识别功能的页面

这个例子非常简单，点击【语音识别】可以将文字识别到文本框中。输入文字，点击【语音合成】可以将文字合成语音输出。

5.4.4　语言聊天机器人实现

本节将演示基于 ChatGPT 3.5API + Bokeh + Web Speech API + gTTS 开发的一个语音聊天机器人。

1. 技术框架图

该机器人是一个 Web 应用，包含了三个关键模块：

- Bokeh 和 Web Speech API 的语音转文本
- 通过 OpenAI GPT-3.5 API 完成聊天
- gTTS 文本转语音

图 5.51 显示了这个语音聊天机器人的技术框架图。

2.ChatGPT API

（1）获取 API 密钥

如果读者已经拥有一个 ChatGPT API 密钥，则可以继续使用它，见图 5.52。如果没有密钥，则需要申请注册一个新账户，具体步骤详见本章 5.2.4 节。

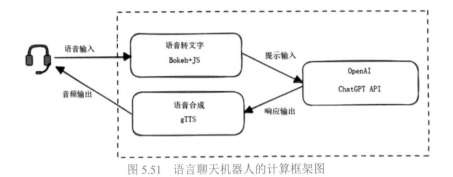

图 5.51　语言聊天机器人的计算框架图

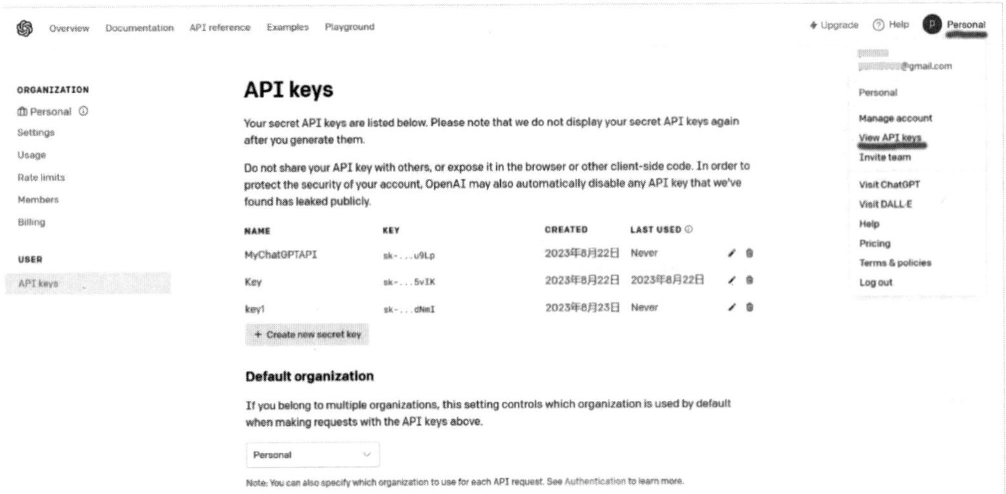

图 5.52　API 密钥生成页面

注意: 生成的 API 密钥只会显示一次,建议用一个 txt 文件保存。

(2)API 的使用

在命令提示符当中,输入以下代码安装 openai。

```
pip install openai
```

如果读者之前开发过一些 GPT 的产品,则可以采用以下代码升级 openai。

```
pip install --upgrade openai
```

随后编写 Python 代码,实现 API 的使用。第一,创建并发送提示的 Python 代码:

```
import openai
complete = openai.ChatCompletion.create(
    model="gpt-3.5-turbo",
    messages=[
        {"role": "system", "content": "You are a helpful assistant."},
        {"role": "user", "content": "Who won the world series in 2020?"},
        {"role": "assistant", "content": "The Los Angeles Dodgers
won the World Series in 2020."},
        {"role": "user", "content": "Where was it played?"}
    ]
)
```

在上述代码中，openai.ChatCompletion.create 是一个 OpenAI API 的请求，用于创建聊天模型的对话完成。该 API 的详细信息和使用方法可以在 OpenAI API 的官方文档中找到。在具体使用中，通常需要提供一组对话历史和一个聊天模型的 ID，来获取模型基于对话历史的完成结果。

第二，编写接收文本响应的 Python 代码。

```
message=complete.choices[0].message.content
```

由于 GPT-3.5 API 是基于聊天的文本完成 API，所以需要确保 ChatCompletion 请求的消息包含了对话历史记录，模型会参考上下文相关信息来响应用户的请求。

为了实现此功能，消息体的列表对象应按以下顺序组织：

- 系统消息定义为通过在消息列表顶部的内容中添加指令来设置聊天机器人的行为。
- 用户消息表示用户的输入或查询，而助手消息是指来自 GPT-3.5 API 的相应响应。
- 最后一条用户消息是指当前时刻请求的提示。

3. 网页开发

本节将使用 Python 的 Streamlit 库来构建 Web 应用程序。Streamlit 是一个基于 tornado 框架的快速搭建 Web 应用的 Python 库，封装了大量常用组件方法，支持大量数据表、图表等对象的渲染，支持网格化、响应式布局。简单来说，可以让不了解前端的人搭建网页。

Streamlit 的官方文档网址如下：

https://docs.streamlit.io/

根据该网址，读者可以自行学习 Streamlit 库的相关用法。

第一，在命令提示符窗口中采用以下代码安装 Streamlit，安装过程见图 5.53。

```
pip install streamlit
```

图 5.53　安装 Streamlit

第二，创建一个 Python 文件"demo.py"，具体代码如下：

```
import streamlit as st
st.write("""
# My First App
Hello *world!*
""")
```

第三，在命令提示符窗口上运行 demo.py 文件。

```
python -m streamlit run C:\Users\Go\Desktop\demo.py
```

其中"C:\Users\Go\Desktop"表示文件 demo.py 所在的路径。运行文件 demo.py 后，获得一个简单的 Web 页面，如图 5.54。

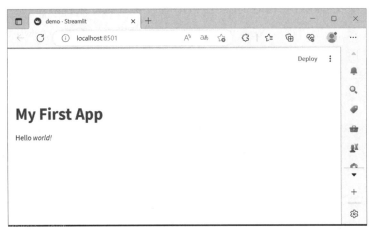

图 5.54　基于 streamlit 开发的一个简单 Web 页面

注意：Streamlit 提供的所有小部件的用法可以在其文档页面中找到，网址如下：

https://docs.streamlit.io/library/api-reference

4. 语音转文字的实现

AI 语音聊天机器人的主要功能是能够识别用户语音并生成 ChatGPT API 可用作输入的适当文本。虽然 OpenAI 的 Whisper API 能够提供高质量的语音识别，但是需要收费。基于成本效益权衡，可以使用 Javascript 的免费 Web Speech API 来实现语音识别功能。

在 github 上给出了一个基于 WebSpeechAPI 的语音识别代码案例：

```
var recognition = new webkitSpeechRecognition();//创建语音识别对象
recognition.continuous = false;//true表达连续识别，false表示不连续识别
recognition.interimResults = true;//是否允许临时结果，临时结果是识别的中间过程
recognition.lang = 'en';//'en'表示英语
recognition.start();//开始识别
```

在上述代码中，方法 webkitSpeechRecognition() 在初始化识别对象后，需要定义一些有用的属性。continuous 属性表示您是否希望 SpeechRecognition 函数在语音输入的一种模式处理成功完成后继续工作。continuous=false 表示语音聊天机器人能够以稳定的速度，为用户语音的输入生成每个答案。interimResults=true 表示将在用户语音期间生成一些中间结果，

以便用户可以看到从他们的语音输入输出的动态消息。lang 属性将设置请求识别的语言。

在识别多个事件时，可以使用 onresult 属性回调来处理来自中间结果和最终结果的文本生成结果。示例代码如下：

```
recognition.onresult = function (e) {
    var value, value2 = "";
    for (var i = e.resultIndex; i < e.results.length; ++i) {
        if (e.results[i].isFinal) {
            value += e.results[i][0].transcript;
            rand = Math.random();
        } else {
            value2 += e.results[i][0].transcript;
        }
    }
}
```

5. Bokeh 库

Bokeh 是 Python 中的交互式可视化库。它提供的最佳功能是针对现代 Web 浏览器进行演示的高度交互式图形和绘图。Bokeh 能够制作出优雅、简洁的图表，其中包含各种图表。Bokeh 主要侧重于将数据源转换为 JSON 格式，然后用作 BokehJS 的输入。

由于 Streamlit 库不支持自定义 JS 代码，因此需要使用 Bokeh 库。Bokeh 库可以支持嵌入自定义 Javascript 代码，因此可以在 Bokeh 的按钮小部件下运行语音识别脚本。

（1）安装 Bokeh 库

为了兼容 streamlit-bokeh-events 库，本次安装的 Bokeh 版本是 2.4.2：

```
pip install bokeh==2.4.2
```

安装过程如图 5.55 所示。

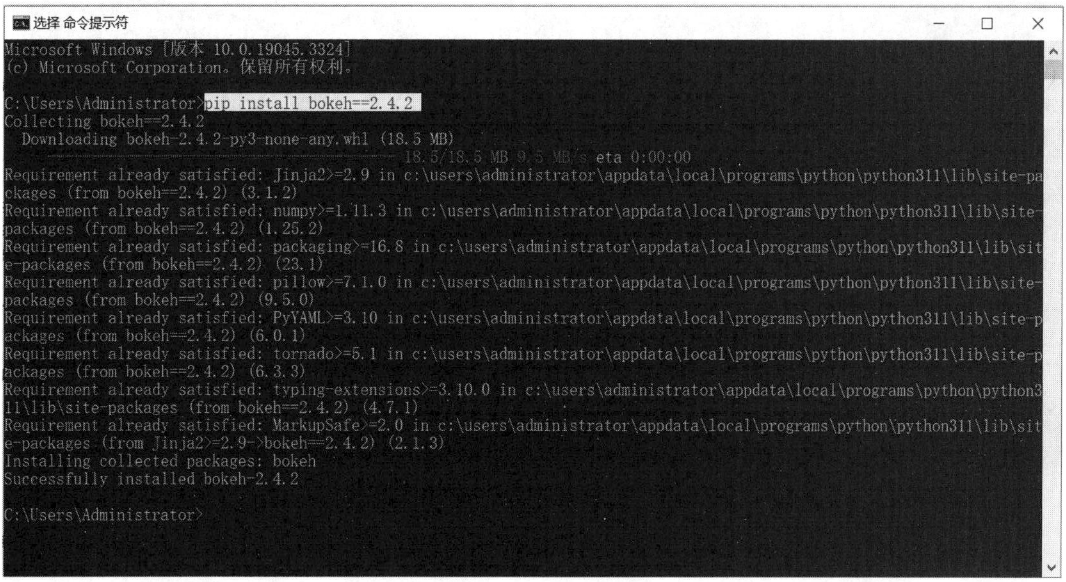

图 5.55　Bokeh 的安装

（2）导入按钮和 CustomJS

```
from bokeh.models.widgets import Button
from bokeh.models import CustomJS
```

（3）创建按钮小部件

```
spk_button = Button(label='SPEAK', button_type='success')
```

（4）定义按钮点击事件

```
spk_button.js_on_event("button_click", CustomJS(code="""
    ...js code...
"""))
```

函数 js_on_event 是用来注册 spk_button 的事件。我们只需要将相应的 JS 代码写入函数 CustomJS 中，则当 spk_button 的事件被触发时，就可以执行这些 JS 代码了。

（5）Streamlit_bokeh_event

在 speak 按钮及其回调方法实现后，再将 Bokeh 事件输出（识别的文本）连接到其他功能块，以便将提示文本发送到 ChatGPT API。"Streamlit Bokeh Events" 是一个开源项目，它提供与 Bokeh 小部件的双向通信。

安装 Streamlit_bokeh_event 的代码如下：

```
pip install streamlit-bokeh-events
```

安装过程见图 5.56。

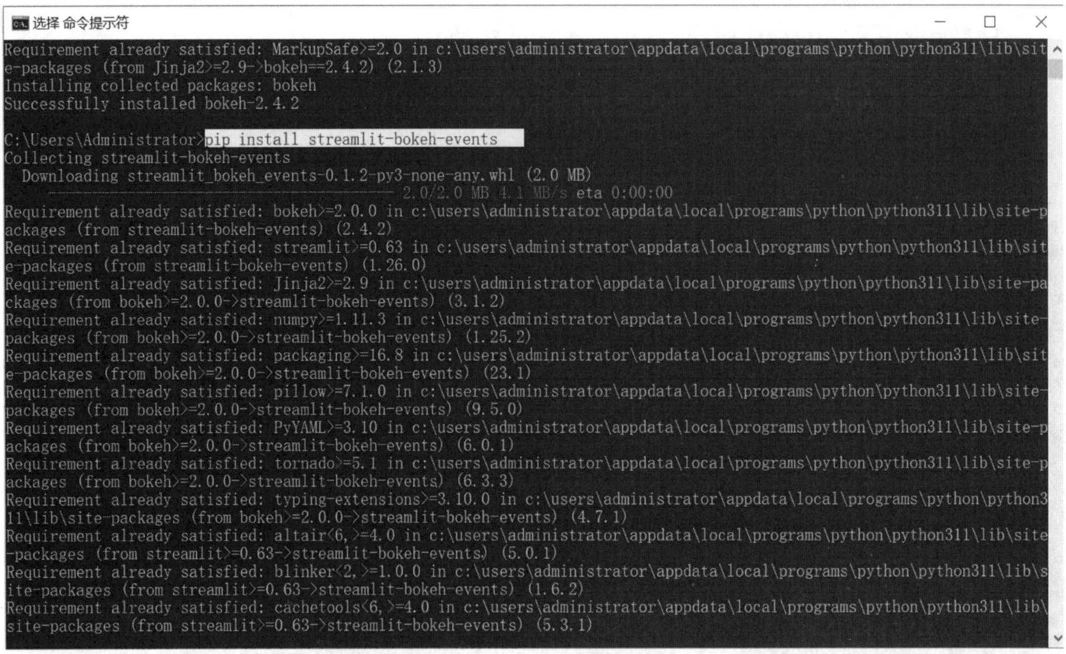

图 5.56   streamlit-bokeh-events 的安装

再通过 streamlit_bokeh_events 方法创建结果对象。

```
result = streamlit_bokeh_events(
```

```
bokeh_plot = spk_button,
events="GET_TEXT,GET_ONREC,GET_INTRM",
key="listen",
refresh_on_update=False,
override_height=75,
debounce_time=0)
```

使用 bokeh_plot 属性来注册上一节中创建的 spk_button。使用 events 属性来标记多个自定义的 HTML 文档事件，其中：

- GET_TEXT 接收最终识别文本
- GET_INTRM 接收临时识别文本
- GET_ONREC 接收语音处理阶段

随后，可以使用 JS 函数 document.dispatchEvent(new CustomEvent(…)) 来生成事件，如 GET_TEXT 和 GET_INTRM 事件，具体代码如下：

```
spk_button.js_on_event("button_click", CustomJS(code="""
    var recognition = new webkitSpeechRecognition();
    recognition.continuous = false;
    recognition.interimResults = true;
    recognition.lang = 'en';
    var value, value2 = "";
    for (var i = e.resultIndex; i < e.results.length; ++i) {
        if (e.results[i].isFinal) {
            value += e.results[i][0].transcript;
            rand = Math.random();
        } else {
            value2 += e.results[i][0].transcript;
        }
    }
    document.dispatchEvent(new CustomEvent("GET_TEXT", {detail:
{t:value, s:rand}}));
    document.dispatchEvent(new CustomEvent("GET_INTRM", {detail:
value2}));
    recognition.start();
    }
"""))
```

接着，检查事件 GET_INTRM 处理的 result.get() 方法，代码如下：

```
tr = st.empty()
if result:
    if "GET_INTRM" in result:
        if result.get("GET_INTRM") != '':
            tr.text_area("**Your input**", result.get("GET_INTRM"))
```

上述两段代码的作用：当用户正在讲话时，任何临时识别文本都将显示在 Streamlit text_area 小部件上。

6. 文字转语音实现

提示请求完成后，GPT-3.5 模型通过 ChatGPT API 生成响应后，可以通过 Streamlit st.write() 方法将响应文本直接显示在网页上。同时，也需要将文本转换为语音，这样 AI 语音 Chatbot 的双向功能才能完全完成。而 gTTS 库能够完美地实现这项功能，并且支持多种格式的语音数据输出，包括 mp3 或 stdout。

安装 gTTS 库：

```
pip install gTTS
```

安装过程见图 5.57。

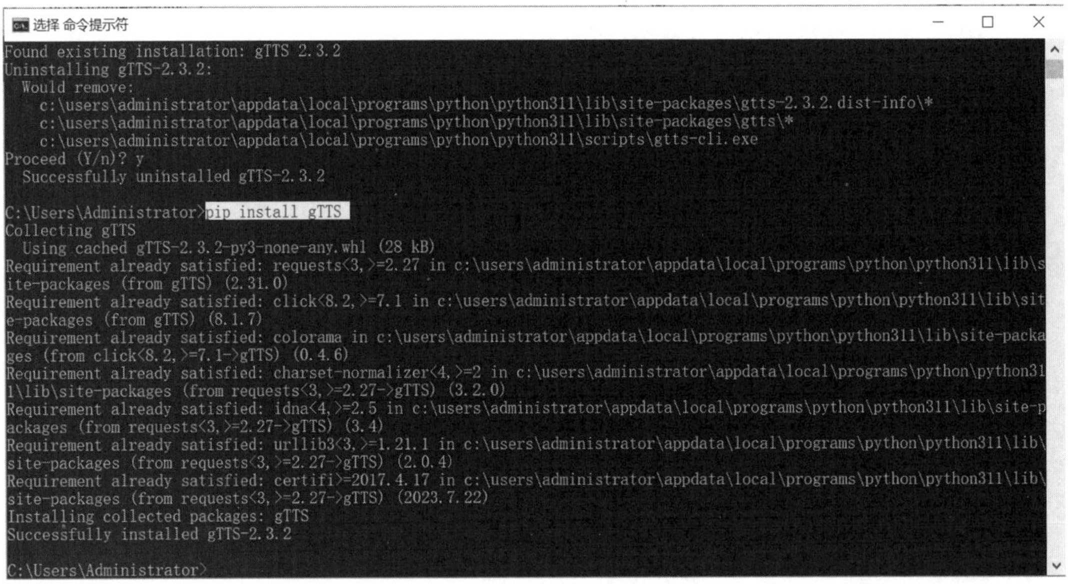

图 5.57　安装 gTTS

若不想将语音数据保存到文件中，可以调用 BytesIO() 来临时存储语音数据：

```
sound = BytesIO()
tts = gTTS(output, lang='en', tld='com')
tts.write_to_fp(sound)
```

输出需要转换的文本字符串，通过 tld 从不同的 google 域中选择不同的语言（使用 lang）。例如，可以设置 tld='co.uk'，生成英式口音的英语。

然后，利用 Streamlit 小部件创建一个像样的音频播放器：

```
import streamlit as st
st.audio(sound)
```

7. 完整代码

要整合上述所有模块，应该完成如下功能：

• 已完成与 ChatGPT API 的交互，并在用户和助手消息块中定义了附加的历史对话。使用 Streamlit 的 st.session_state 来存储运行变量。

• 考虑到 onspeechstart()、onsoundend() 和 onerror() 等多个事件以及识别过程，在 SPEAK 按钮的 CustomJS 中完成了事件生成。

• 完成事件 "GET_TEXT、GET_ONREC、GET_INTRM" 的事件处理，以在网络界面上显示适当的信息，并管理用户讲话时的文本显示和组装。

• 设计所有必要的 Streamit 小部件。

完整的演示代码如下：

```python
import streamlit as st
from bokeh.models.widgets import Button
from bokeh.models import CustomJS
from streamlit_bokeh_events import streamlit_bokeh_events
from gtts import gTTS
from io import BytesIO
import openai

openai.api_key = '{Your API Key}'#替换为我们自己的API密钥

if 'prompts' not in st.session_state:
    st.session_state['prompts'] = [{"role": "system", "content": "You
are a helpful assistant. Answer as concisely as possible with a little humor
expression."}]

def generate_response(prompt):
    st.session_state['prompts'].append({"role": "user", "content":
prompt})
    completinotallow=openai.ChatCompletion.create(
        model="gpt-3.5-turbo",
        messages = st.session_state['prompts']
    )
    message=completion.choices[0].message.content
    return message

sound = BytesIO()
placeholder = st.container()
placeholder.title("My Voice ChatBot")
stt_button = Button(label='SPEAK', button_type='success', margin =
(5, 5, 5, 5), width=200)

stt_button.js_on_event("button_click", CustomJS(code="""
    var value = "";
    var rand = 0;
    var recognition = new webkitSpeechRecognition();
    recognition.continuous = false;
    recognition.interimResults = true;
```

```
            recognition.lang = 'en';
            document.dispatchEvent(new CustomEvent("GET_ONREC", {detail:
'start'}));

            recognition.onspeechstart = function () {
                document.dispatchEvent(new CustomEvent("GET_ONREC", {detail:
'running'}));
            }
            recognition.onsoundend = function () {
                document.dispatchEvent(new CustomEvent("GET_ONREC", {detail:
'stop'}));
            }
            recognition.onresult = function (e) {
                var value2 = "";
                for (var i = e.resultIndex; i < e.results.length; ++i) {
                    if (e.results[i].isFinal) {
                        value += e.results[i][0].transcript;
                        rand = Math.random();
                    } else {
                        value2 += e.results[i][0].transcript;
                    }
                }
                document.dispatchEvent(new CustomEvent("GET_TEXT", {detail:
{t:value, s:rand}}));
                document.dispatchEvent(new CustomEvent("GET_INTRM", {detail:
value2}));
            }
            recognition.onerror = function(e) {
                document.dispatchEvent(new CustomEvent("GET_ONREC", {detail:
'stop'}));
            }
            recognition.start();
            """))

    result = streamlit_bokeh_events(
        bokeh_plot = stt_button,
        events="GET_TEXT,GET_ONREC,GET_INTRM",
        key="listen",
        refresh_on_update=False,
        override_height=75,
        debounce_time=0)

    tr = st.empty()

    if 'input' not in st.session_state:
        st.session_state['input'] = dict(text='', sessinotallow=0)
```

```
    tr.text_area("**Your input**", value=st.session_state['input']['text'])

    if result:
        if "GET_TEXT" in result:
            if result.get("GET_TEXT")["t"] != '' and result.get("GET_
TEXT")["s"] != st.session_state['input']['session'] :
                st.session_state['input']['text'] = result.get("GET_TEXT")
["t"]
                tr.text_area("**Your input**", value=st.session_state
['input']['text'])
                st.session_state['input']['session'] = result.get("GET_
TEXT")["s"]

        if "GET_INTRM" in result:
            if result.get("GET_INTRM") != '':
                tr.text_area("**Your input**", value=st.session_state
['input']['text']+' '+result.get("GET_INTRM"))

        if "GET_ONREC" in result:
            if result.get("GET_ONREC") == 'start':
                placeholder.image("recon.gif")
                st.session_state['input']['text'] = ''
            elif result.get("GET_ONREC") == 'running':
                placeholder.image("recon.gif")
            elif result.get("GET_ONREC") == 'stop':
                placeholder.image("recon.jpg")
                if st.session_state['input']['text'] != '':
                    input = st.session_state['input']['text']
                    output = generate_response(input)
                    st.write("**ChatBot:**")
                    st.write(output)
                    st.session_state['input']['text'] = ''
                    tts = gTTS(output, lang='en', tld='com')
                    tts.write_to_fp(sound)
                    st.audio(sound)
                    st.session_state['prompts'].append({"role": "user",
"content":input})
                    st.session_state['prompts'].append({"role": "assistant",
"content":output})
```

将上述代码存在文件 demo_voice.py 中，再在命令提示符窗口输入如下代码来运行这个实例：

```
python -m streamlit run c:\Users\Adminstrator\Desktop\demo_voice.py
```

代码运行后生成一个简单的聊天窗口，见图 5.58。

注意：c:\Users\Administrator\Desktop\ 表示文件 demo_voice.py 所在路径。当请求弹出窗口时，请不要忘记允许网页访问您的麦克风和扬声器。

图 5.58　简单的聊天机器人页面

5.4.5　小结

本节通过讲解一个智能语音机器人的开发，介绍了 Web Speech API + ChatGPT API+gTTS 的综合运用，希望读者能够体会 ChatGPT API 的作用，掌握 message 信息中的角色设置，以及 Python 第三方库的导入和应用方法。建议读者具备一定的编程能力，熟悉 Python 的编程语法。如果读者对 Anaconda 比较熟悉，建议直接在 JupyterNotebook 或者 Spyder 中运行本节提供的 Python 代码。另外，本节所提供的代码为 Python 3 版本。

5.5　高级智能语音聊天机器人 》》》

本节标题所谓的"高级"是指针对一个我们不熟悉的复杂工程问题，如何去寻求解决方案，如何设计问题的解答，遇到项目实践问题该如何解决等工程技巧。本节的学习需要读者具备较高的 Python 编程水平，以及一定的英文帮助网站阅读能力。由于本书并不是 Python 教程，因此本节并不会介绍 Python 的基础知识，建议读者自行学习。

5.5.1　问题描述与思考

如何利用 ChatGPT 开发一个能够进行语音对话的聊天机器人？我们知道 ChatGPT 能够依据我们输入的文字，以文字方式回答相应的问题，因此这种结构可用图 5.59 表示。

图 5.59　ChatGPT 的处理方式图

为了实现能够智能语音聊天的机器人，需要解决两个问题：

（1）语音识别问题，即能够将我们说的话进行识别，并转换为对应的文字。

（2）文字到语音的转换，即能够将文字转换为对应的语音输出。

因此，可以对图 5.59 中 ChatGPT 的处理方式进行改进，实现自动语音聊天机器人。图 5.60 显示了这种改进方法。

图 5.60　改进的语音聊天机器人的设计方案图

5.5.2　方案选择

为了选择合适的语音识别器和文字语音转换器，需要满足一些基本条件。第一，简单易用，能够与 ChatGPT 完美结合。第二，不需要高昂的费用。第三，网站上有完善的帮助和实例，能够帮助我们快速搭建语音聊天机器人的应用。第四，满足个人电脑系统的需求（如笔者电脑安装的是 Windows10 操作系统）。第五，应当在个人能力允许范围内进行选择。

通过对百度、谷歌、必应等搜索引擎的查询，我们最终确定语音识别采用WhisperAPI，而文字转语音用 Wsay，其中 WhisperAPI 是 Openai 自己推荐的语音识别器，而 Wsay 是一个开源的项目，有完善的例子和代码介绍。这两个软件都支持 Python 语言的二次开发，图 5.61 是它们的帮助网站。

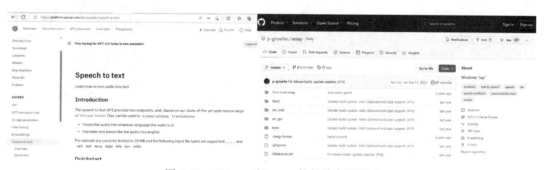

图 5.61　Whisper 和 Wsay 的相关介绍网站

因此，基于 Whisper 和 Wsay，我们再次更改了语音聊天机器人的设计方案图（见图 5.62）。

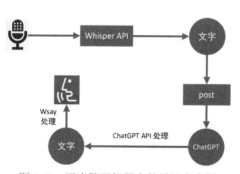

图 5.62　语音聊天机器人的设计方案图

5.5.3　软件安装

确定方案后，需要选择开发用的软件。通常开发 Python 系统都是用 Anaconda 或PyCharm 等，但由于本人之前电脑上安装的 Anaconda 主要是用于教学和其他应用，已经安装了不同版本的库文件，为保证系统的兼容性和稳定性，本节将采用 Visual Studio Code（简称 VS Code）作为 Python 项目的开发工具。

1. VScode 下载、安装和设置

打开如下网址，见图 5.63：

https://code.visualstudio.com/

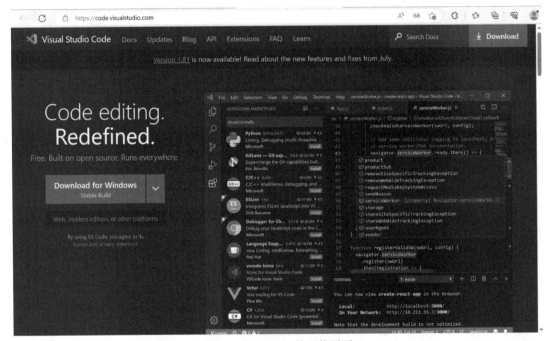

图 5.63　VS Code 的下载页面

选择页面中的【Download for Windows】，下载该软件。下载后，双击该文件进行安装，安装如图 5.64 所示，选择【我同意此协议】，其他选择默认安装。

图 5.64　安装 VS Code

安装好后可以从开始菜单中看到已经有 VS Code，见图 5.65。再打开 VS Code，进入主操作窗口，见图 5.66。

图 5.65　从开始菜单中找到 VS Code

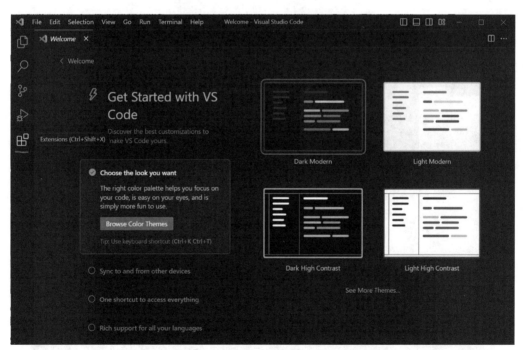

图 5.66　VS Code 的主界面

　　由图 5.66 可知，VS Code 的操作界面是英文，可以设置为中文，方便以后的操作。选择 VS Code 主界面左边工具栏中的扩展图标，在输入框中输入 Chinese，选择下拉框中的第一项，点击【Install】，见图 5.67。安装好后，选择图 5.68 中右下角的【Change language and restart】，完成 VS Code 的中文设置。

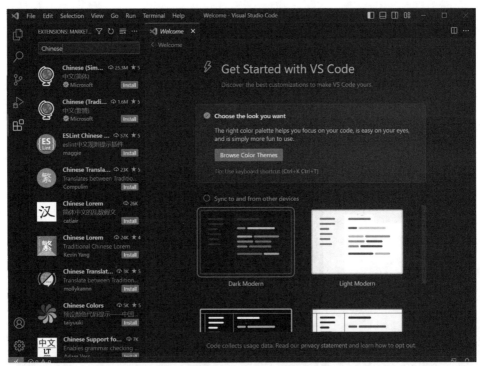

图 5.67　VS Code 设置中文操作步骤 1

图 5.68　VS Code 设置中文操作步骤 2

2. Python 下载、安装

打开如下网址下载 Python，见图 5.69。

www.python.org/downloads

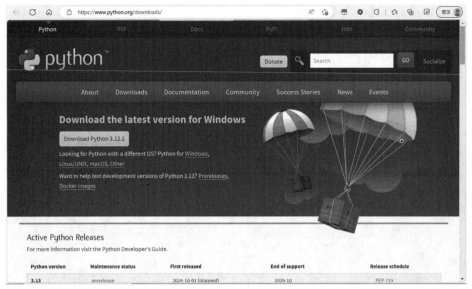

图 5.69 Python 的官方下载网址

在上述网站中选择【Download Python 3.13.4】，下载 Python 最新版本。随后，按照 5.2.3 节的步骤安装 Python，安装好后可以在命令提示符窗口输入 python--version 命令，查看 Python 版本，见图 5.70。

图 5.70 Python 版本查看

注意：安装 Python 时，一定要选择【Addpython.exe to PATH】，否则需要手动将 Python 添加到环境变量的 Path 中。

3. 安装 FFMpeg

FFMpeg 的作用是用于生成处理多媒体数据的各类库和程序。打开如下网址，见图 5.71。

ffmpeg.org

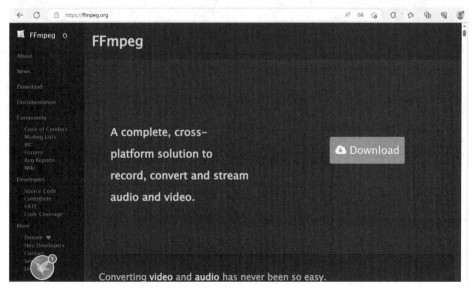

图 5.71 网址 ffmpeg.org

选择【Download】，进入一个新的页面见图 5.72。在该页面中选择图标▦（下载支持windows 的版本），进入新页面见图 5.73，点击图中 Windows build from gyan.dev 这行，进入文件选择页面，见图 5.74，从该页中选择完整版 ffmpeg-git-full.7z 下载。下载后将该文件解压，随后将生成目录的名称改为 ffmpeg，再将该文件夹拷贝到 C 盘根目录下（便于后续的开发操作），见图 5.75。

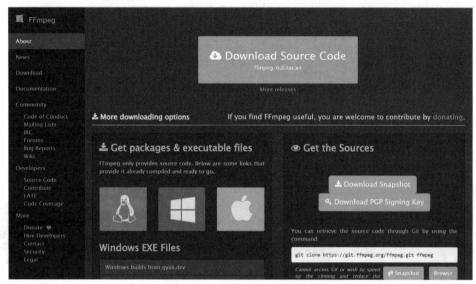

图 5.72　下载支持选择页面

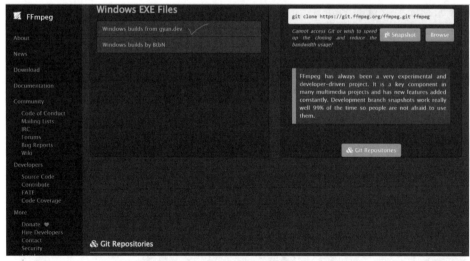

图 5.73　选择文件来源页面

为了便于开发，需要设置 ffmpeg 的环境变量。在 Windows 下方工具栏的搜索框中输入"编辑系统环境变量"，打开环境变量的设置窗口，见图 5.76。点击【环境变量】按钮，打开环境变量窗口，见图 5.77，选择系统变量中的"Path"，进入编辑环境变量窗口，见图 5.78。在该窗口中选择新建，并将图 5.79 中 ffmpeg.exe 文件的位置拷贝进去，见图 5.80，点击保存。

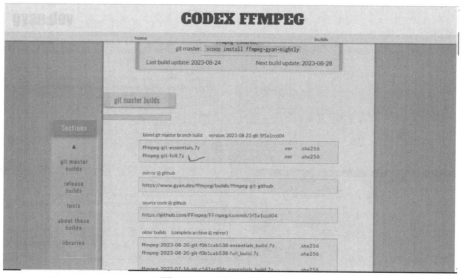

图 5.74　下载文件选择页面

图 5.75　更改 ffmpeg 的位置

注意：设置好环境变量后，一定要重启电脑才会生效。检测环境变量是否生效的方式是在命令提示符窗口输入 ffmpeg 后回车，如果生效会显示 ffmpeg 的版本信息，未生效会找不到 ffmpeg 命令。

图 5.76　编辑环境变量

图 5.77 环境变量窗口

图 5.78 编辑环境变量窗口

图 5.79 ffmpeg 的位置

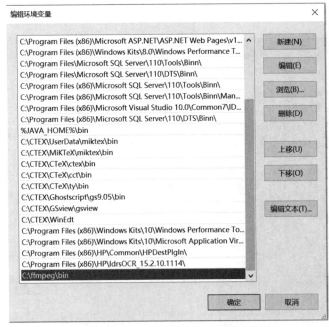

图 5.80 保存 ffmpeg 的位置到环境变量中

4. 安装 wsay

打开如下网址，见图 5.81。

github.com/p-groarke/wsay

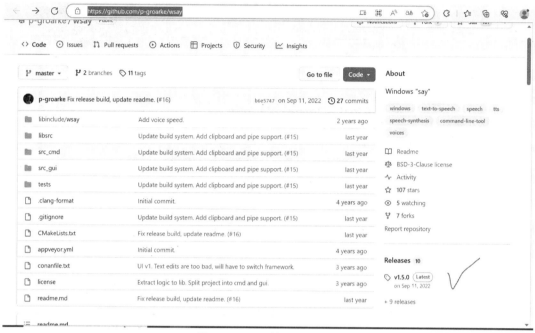

图 5.81　wsay 的 github 网址

选择最新版本 v1.5.0，进入下载页面，见图 5.82，选择 wsay.exe 文件下载，随后将该文件放到 C:\ffmpeg\bin 目录中，使得 ffmpeg 能够支持 wsay 进行文字到语音的转换。

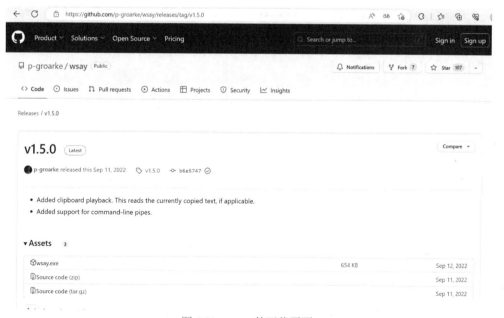

图 5.82　wsay 的下载页面

5. 获取 ChatGPT API 密钥

打开如下网址，进入 OpenAI 平台，见图 5.83。

platform.openai.com

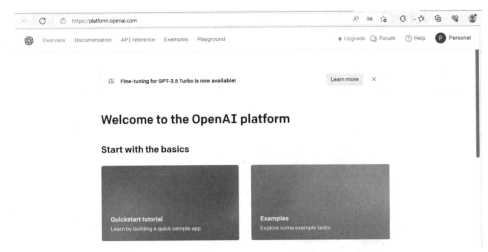

图 5.83　OpenAI 工作平台

选择右上角的 Personal，再选择【View API key】，见图 5.84，接着选择【Create new secret key】，生成并复制该 key 到一个文本文件中。

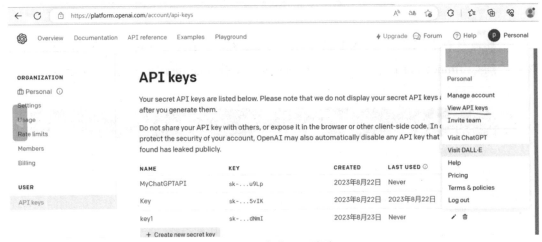

图 5.84　生成 key 页面

6. 文件夹选择

在 C 盘新建一个名为 ChatBot 文件夹，再打开 VS Code，选择【文件】菜单中的【打开文件夹】，见图 5.85，找到 C 盘中刚刚新建的 ChatBot 文件夹。

7. 安装 openai

从 VScode 菜单中选择【终端】，再选择子菜单【新建终端】，输入：

```
pip install openai
```

安装 openai 库，见图 5.86。

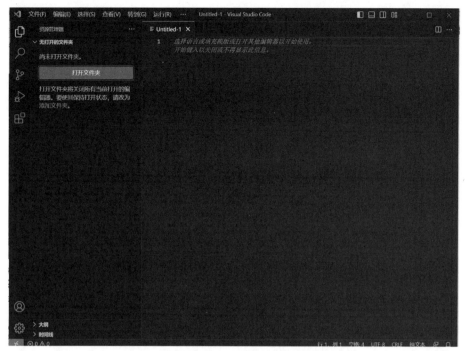

图 5.85　打开文件夹选项

图 5.86　在 VScode 中安装 openai

8. 安装 Gradio

Gradio 是一个用于快速构建交互式应用程序的开源 Python 库。它可以帮助开发者轻松地将机器学习模型集成到用户友好的界面中，从而使模型更易于使用和理解。Gradio 的示例中提供了相应的网页界面代码，因此可以简化我们开发的难度。

打开网址：www.gradio.app/guides/quickstart，见图 5.87，选择左边导航菜单中的"Hello, World"，可以查看到 Gradio 的安装方法和应用实例。

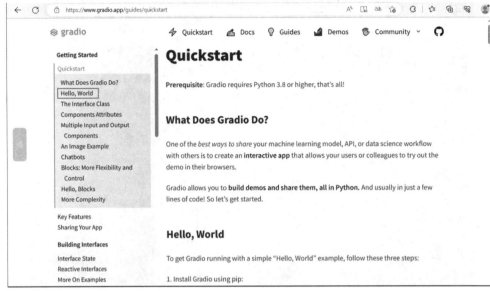

图 5.87　Gradio 的网址导航页面

在 VScode 中的终端输入：

```
pip install gradio
```

进行 gradio 的安装，见图 5.88。

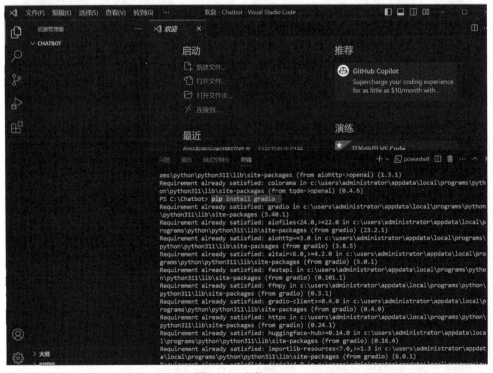

图 5.88　安装 gradio

5.5.4　界面设计

在上述所有软件均安装成功完成后，则进入 Python 程序的开发阶段。首先需要实现的是系统的界面设计。选择图 5.89 中文件夹 CHATBOX 右边的图标，新建一个 ui.py 文件，见图 5.90。

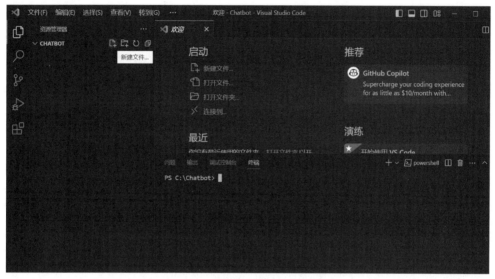

图 5.89　新建文件选项

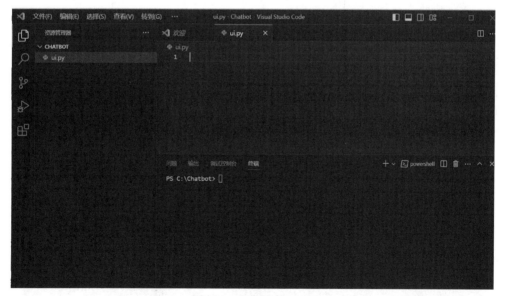

图 5.90　新建文件 ui.py

在图 5.87 Gradio 网页中，找到"Hello World"的代码，如图 5.91，将这段代码拷贝到 ui.py 文件中并保存该文件。ui.py 文件的代码如下：

```
import gradio as gr
def greet(name):
    return "Hello " + name + "!"
```

```
demo = gr.Interface(fn=greet, inputs="text", outputs="text")
demo.launch()
```

代码中，函数 greet(name) 的作用是将 name 加前缀"Hello"输出，函数 gr.Interface 的作用是定义输入、输出均为文本，函数 demo.launch() 是运行这个 demo。

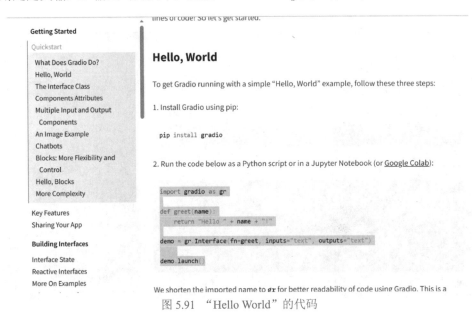

图 5.91 "Hello World"的代码

在 VScode 终端运行：

```
python ui.py
```

生成一个 URL，见图 5.92。

图 5.92 运行 ui.py

拷贝这个生成的 URL 到浏览器的地址栏中运行，生成一个带输入和输出框的页面，见图 5.93。输入姓名"Pan Liu"，点击【提交】按钮，在输出框中显示"HelloPan Liu!"，见图 5.94。

图 5.93　用 Gradio 生成的页面

图 5.94　加前缀"Hello"输出姓名"Pan Liu"

5.5.5　语音输入设计

在文件夹 CHATBOT 中新建 uimp.py 文件。由于图 5.94 中的系统仅仅完成了文本到文本的输入和输出，还没有实现语音到文本的输入，因此需要在 uimp.py 中实现这个功能。我们可以从 gradio 网站中找到相关的示例代码。

由于涉及语音（audio），因此进入网址：www.gradio.app/docs/audio，如图 5.95 所示。点击网页右端的【Demos】，显示语音的示例代码，见图 5.96。拷贝这些代码到文件 uimp.py 中。

图 5.95　Gradio 的 Audio 页面

图 5.96　Demos 中的示例代码

文件 uimp.py 中的代码如下：

```python
from math import log2, pow
import os
import numpy as np
from scipy.fftpack import fft

import gradio as gr

A4 = 440
C0 = A4 * pow(2, -4.75)
name = ["C", "C#", "D", "D#", "E", "F", "F#", "G", "G#", "A", "A#", "B"]

def get_pitch(freq):
    h = round(12 * log2(freq / C0))
    n = h % 12
    return name[n]

def main_note(audio):
    rate, y = audio
    if len(y.shape) == 2:
        y = y.T[0]
    N = len(y)
    T = 1.0 / rate
    yf = fft(y)
    yf2 = 2.0 / N * np.abs(yf[0 : N // 2])
    xf = np.linspace(0.0, 1.0 / (2.0 * T), N // 2)
```

```
    volume_per_pitch = {}
    total_volume = np.sum(yf2)
    for freq, volume in zip(xf, yf2):
        if freq == 0:
            continue
        pitch = get_pitch(freq)
        if pitch not in volume_per_pitch:
            volume_per_pitch[pitch] = 0
        volume_per_pitch[pitch] += 1.0 * volume / total_volume
    volume_per_pitch = {k: float(v) for k, v in volume_per_pitch.items()}
    return volume_per_pitch


demo = gr.Interface(
    main_note,
    gr.Audio(source="microphone"),
    gr.Label(num_top_classes=4),
    examples=[
        [os.path.join(os.path.dirname(__file__),"audio/recording1.wav")],
        [os.path.join(os.path.dirname(__file__),"audio/cantina.wav")],
    ],
    interpretation="default",
)


if __name__ == "__main__":
    demo.launch()
```

上述代码中，核心代码是通过设置音频来源为 "microphone" 来实现语音输入，即代码：

```
gr.Audio(source="microphone")
```

为了演示 uimp.py，在 VScode 的终端运行：

```
python uimp.py
```

结果显示没有 "scipy" 模块，见图 5.97，因此可以用 pip 安装该模块：

```
python -m pip install scipy -user
```

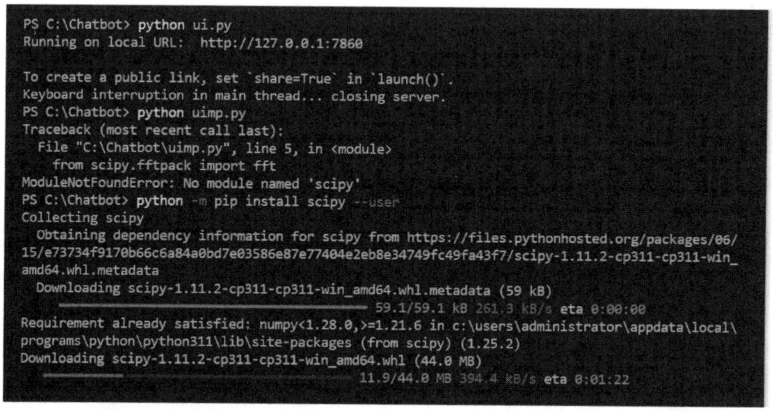

图 5.97　安装 "scipy" 模块

然而，运行结果出错，见图 5.98。

```
    component.postprocess(sample)
  File "C:\Users\Administrator\AppData\Local\Programs\Python\Python311\Lib\site-packages\grad
io\components\audio.py", line 359, in postprocess
    file_path = self.make_temp_copy_if_needed(y)
                ^^^^^^^^^^^^^^^^^^^^^^^^^^^^^^^^^
  File "C:\Users\Administrator\AppData\Local\Programs\Python\Python311\Lib\site-packages\gradio\components
in make_temp_copy_if_needed
    temp_dir = self.hash_file(file_path)
               ^^^^^^^^^^^^^^^^^^^^^^^^^
  File "C:\Users\Administrator\AppData\Local\Programs\Python\Python311\Lib\site-packages\gradio\components
in hash_file
    with open(file_path, "rb") as f:
         ^^^^^^^^^^^^^^^^^^^^^^
FileNotFoundError: [Errno 2] No such file or directory: 'C:\\Chatbot\\audio/recording1.wav'
```

图 5.98　运行 uimp.py 显示的出错信息

这个错误是由于缺少相应的文件夹或者文件导致。由于在 Gradio 网站上拷贝代码时，该网站并没有提供给我们相应的音频文件供，导致 uimp.py 文件运行出错，为此，可以删除 uimp.py 中的代码中 examples 的代码，即这段代码：

```
examples=[
  [os.path.join(os.path.dirname(__file__),"audio/recording1.wav")],
  [os.path.join(os.path.dirname(__file__),"audio/cantina.wav")],
  ],
```

再次保存 uimp.py 文件，并在终端运行：

```
pythonuimp.py
```

生成一个 URL 地址，见图 5.99。

```
PS C:\Chatbot> python uimp.py
Running on local URL:  http://127.0.0.1:7860

To create a public link, set `share=True` in `launch()`.
```

图 5.99　运行 uimp.py 后生成的地址

拷贝 127.0.0.1:7860 到浏览器的地址栏，回车后生成一个由 Gradio 生成的页面，见图 5.100。

图 5.100　运行 uimp.py 后生成的网页

由图 5.100 可知，该网页的输入是音频输入，即麦克风输入，见代码：gr.Audio (source="microphone")。用鼠标点击【Record from microphone】，开启允许使用话筒功能，则可以直接对电脑端的话筒说话，随后【Record from microphone】变成【Stoprecording】按钮，见图 5.101。点击【Stoprecording】按钮，录音结束，随后【Stoprecording】按钮变成一个语音播放条，见图 5.102，点击播放图标▶，可以播放我们刚刚的录音。

图 5.101　录音界面　　　　　　　图 5.102　录音播放界面

注意：地址 127.0.0.1:7860 的网页其实是后台运行 uimpy.py 服务，当我们在 VScode 控制台中输入 Ctrl+c 时，可以关闭该服务。

5.5.6　语音到文字

5.5.4 节实现了录音功能，因此，解决了一个录音功能，即图 5.103 中红色框（左框）中的部分，还需要解决由录音到文字的转换，即图 5.103 中绿色框（右框）的部分。

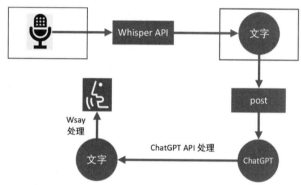

图 5.103　设计方案中的实现部分与尚未实现部分

由图 5.103 可知，为了实现语音转换为文字，需要使用 OpenAI 的 WhisperAPI。打开网址：

platform.openai.com/docs/guides/speech-to-text

可以从网页上看到一段语音到文字的英文描述，见图 5.104。

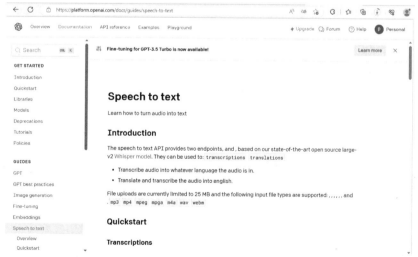

图 5.104　语音到文字的描述

向下滚动页面，找到【Transciption】，如图 5.105 所示。

Quickstart

Transcriptions

The transcriptions API takes as input the audio file you want to transcribe and the desired output file format for the transcription of the audio. We currently support multiple input and output file formats.

```python
Transcribe audio                                          python ∨    Copy
1   # Note: you need to be using OpenAI Python v0.27.0 for the code below to work
2   import openai
3   audio_file= open("/path/to/file/audio.mp3", "rb")
4   transcript = openai.Audio.transcribe("whisper-1", audio_file)
```

By default, the response type will be json with the raw text included.

```
{
    "text": "Imagine the wildest idea that you've ever had, and you're curious
about how it might scale to something that's a 100, a 1,000 times bigger.
....
}
```

图 5.105   transcription API 介绍

由图 5.105 可知，变量 audio_file 的作用是获得一个音频文件，而使用 openai.Audio. transcribe 函数实现音频转文字。注意在转换过程中，使用了 "whisper-1" 模型，同时音频文件也是作为参数传入。

因此，可以定义如下函数来实现音频到文字的转换，其中使用的模型就是 "whisper-1"，参数 audio 就是音频文件。

```python
def transcribe(audio):
    print(audio)
    audio_file=open(audio, "rb")
    transcript = openai.Audio.transcribe("whisper-1", audio_file)
    print(transcript)
    return transcript["text"]
```

再将这个音频的文字放到 UI 界面中，因此需要定义 gr.Interface 来实现，代码如下：

```python
ui = gr.Interface(
    fn=transcribe,
    inputs = gr.Audio(source="microphone", path="filepath"),
    outputs="text"
).launch()
```

为了能够执行 openai.Audio.transcribe，还需要导入 openai。注意：gr 就是 gradio 库的简称，因此需要加上如下代码：

```python
import openai
import gradio as gr
```

综上所述，我们可以在 CHATBOT 目录中新建一个 uiST.py 文件来实现语音到文字的转换，代码如下：

```
import gradio as gr
import openai

openai.api_key="sk-..." #我们自己的API密钥

def transcribe(audio):
    print(audio)

    audio_file=open(audio, "rb")
    transcript = openai.Audio.transcribe("whisper-1", audio_file)
    print(transcript)
    return transcript["text"]

ui = gr.Interface(
    fn=transcribe,
    inputs = gr.Audio(source="microphone", path="filepath"),
    outputs="text"
).launch()

ui.launch()
```

在 VScode 控制台中执行 uiST.py，输入：

```
python uiST.py
```

获得一个 URL 地址，见图 5.106，拷贝这个 URL 到浏览器地址栏中，生成一个新网页，见图 5.107。

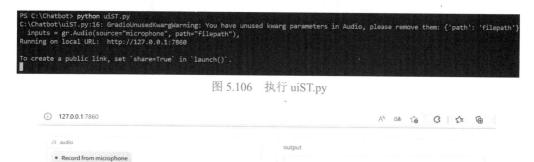

```
PS C:\Chatbot> python uiST.py
C:\Chatbot\uiST.py:16: GradioUnusedKwargWarning: You have unused kwarg parameters in Audio, please remove them: {'path': 'filepath'}
  inputs = gr.Audio(source="microphone", path="filepath"),
Running on local URL:  http://127.0.0.1:7860

To create a public link, set `share=True` in `launch()`.
```

图 5.106　执行 uiST.py

图 5.107　执行 uiST.py 后生成的页面

在图 5.107 的页面中输入一段语音，点击【提交】，生产一个出错页面，如图 5.108 所示。

图 5.108 中的错误来源于我们免费账号产生的 API 密钥。OpenAI 给免费密钥会有一定的配额限制，因此需要注册为会员账号，注册方法详见本书的 4.9.4 小节。

图 5.108　语音转换为文字时的错误信息

在 uiST.py 中设置了非免费账号产生的 API 密钥后，执行 uiST.py 后生成的页面如图 5.109 所示。

图 5.109　语音转文字成功后的页面

5.5.7　文字转语音

最后，我们需要实现文字到语音的输出，即图 5.110 中的黑框部分内容。

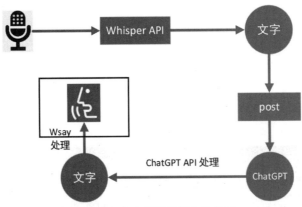

图 5.110　文字到语音部分的处理

进入网址：https://github.com/p-groarke/wsay，查看 wsay 的样例说明，如图 5.111 所示。

由图 5.111 可知，wsay 的使用非常简单，只需要在后面跟上需要阅读的文本即可。但是，如何在 Python 代码中调用 wsay 呢？对于图 5.109 中的网页而言，无论是语音输入，还是语音转文字都是一个顺序关系，即完成语音输入，再实现语音转文字。而由文字转语音是与上面的过程独立的一件事，因此，可以采用子进程的方式来实现。

在 Python 中子进程是由 subprocess 模块实现，该模块的作用是允许生成新的进程，连接到它们的 input/output/error 管道，并获取它们的返回（状态）码。subprocess 模块的常用函数见表 5.3。

```
https://github.com/p-groarke/wsay
```

readme.md

Examples

```
# Say something.
wsay "Hello there."

# Ouput to a wav file. If no filename is entered, outputs to 'out.wav'.
wsay "I can output to a wav file." -o

# List supported voices. Install new Windows voices for more choices.
wsay --list_voices
        1 : Microsoft David Desktop - English (United States)
        2 : Microsoft Hazel Desktop - English (Great Britain)
        3 : Microsoft Zira Desktop - English (United States)
        4 : Microsoft David - English (United States)
        5 : Microsoft James - English (Australia)
        6 : Microsoft Linda - English (Canada)
        # etc.

# Use the number provided by '--list_voices' to select a different voice.
wsay "I can use different voices." --voice 6

# Provide an output filename.
wsay "You can name the ouput file." -o my_output_file.wav

# Read text from a text file instead.
wsay -i i_can_read_a_text_file.txt

# Read text currently copied to clipboard.
wsay -c
```

图 5.111　wsay 的使用样例

表 5.3　subprocess 模块中的常用函数

函数	描述
subprocess.run()	Python 3.5 中新增的函数。执行指定的命令，等待命令执行完成后返回一个包含执行结果的 CompletedProcess 类的实例。
subprocess.call()	执行指定的命令，返回命令执行状态，其功能类似于 os.system(cmd)。
subprocess.check_call()	Python 2.5 中新增的函数。执行指定的命令，如果执行成功则返回状态码，否则抛出异常。其功能等价于 subprocess.run(⋯, check=True)。
subprocess.check_output()	Python 2.7 中新增的函数。执行指定的命令，如果执行状态码为 0 则返回命令执行结果，否则抛出异常。
subprocess.getoutput(cmd)	接收字符串格式的命令，执行命令并返回执行结果，其功能类似于 os.popen(cmd).read() 和 commands.getoutput(cmd)。
subprocess.getstatusoutput(cmd)	执行 cmd 命令，返回一个元组（命令执行状态，命令执行结果输出），其功能类似于 commands.getstatusoutput()。

查看表 5.3，发现 subprocess.call() 能够执行指定命令，因此，可以考虑使用 subprocess.call() 来调用 wsay 将文字输出为声音。

subprocess.call() 的参数如下：

```
subprocess.call(args, *, stdin=None, stdout=None, stderr=None,
shell=False, timeout=None)
```

其中，args 表示要执行的 shell 命令，默认应该是一个字符串序列，如 ['df', '-Th']
或 ('df', '-Th')，也可以是一个字符串，如 'df -Th'，但是此时需要把 shell 参数的值置
为 True。

因此，可以使用如下语句来调用 wsay，将 ChatGPT 输出的文本转换为语音：

```
subprocess.call(["wsay", "ChatGPT输出的文本"])
```

为此，我们可以更改 uiST.py 文件代码，添加 openai 和文字转语音输出，具体代码
如下：

```
import gradio as gr
import openai, subprocess

##openai.api_key="sk-..."
openai.api_key="sk-..."

messages=[{"role":"system","content":'你是一位知识渊博、乐于助人的智能聊
天机器人，你的任务是陪我聊天，请用简短的对话方式，用中文讲一段话，每次回答不超过50
个字！'}]

def transcribe(audio):
    global messages

    audio_file=open(audio, "rb")
    transcript = openai.Audio.transcribe("whisper-1", audio_file)

    messages.append({"role":"user","content":transcript["text"]})

    response=openai.ChatCompletion.create(model="gpt-3.5-turbo",
messages=messages)
    system_message = response["choices"][0]["message"]
    messages.append(system_message)

    subprocess.call(["wsay", system_message['content']])

    #print(transcript)

    chat_transcript = ""
    for message in messages:
        if message['role']!='system':
            chat_transcript += message['role'] + ": " + message
['content'] + "\n\n"
```

```
        return transcript["text"]

ui = gr.Interface(
    fn=transcribe,
    inputs = gr.Audio(source="microphone", path="filepath"),
    outputs="text"
).launch()

ui.launch()
```

在上述代码中，引入 openai 需要注意以下几个方面：

（1）导入 openai，即 import openai。

（2）设置 API 密钥，即 openai.api_key="sk-…"。

（3）messages 的设置。messages 是 JSON 格式的文件，其中 content 的内容是设置 ChatGPT 具有的特性，比如聊天机器人、医生机器人、美食行家等。

（4）ChatGPT 的模型必须选择"GPT-3.5-turbo"。

（5）这两句 Python 语句 system_message = response["choices"][0]["message"] 和 messages. append(system_message) 的作用是将上文全部作为输入，实现 ChatGPT 的回复。但是需要注意一点，token 的数量只有 4096 个。

（6）subprocess.call(["wsay", system_message['content']]) 正确执行的前提是 wsay.exe 必须在环境变量的 Path 路径中。

（7）开启 subprocess 模块中的 shell=True 功能，使得它能够调用外部命令。找到本地安装 Python 的 Lib 文件夹中的 subprocess.py 文件，见图 5.112。采用 VScode 打开这个文件，查找"class popen"，见图 5.113，再向下找到 __int__ 函数中 shell=False（默认设置），见图 5.114，将其更改为 shell=True。

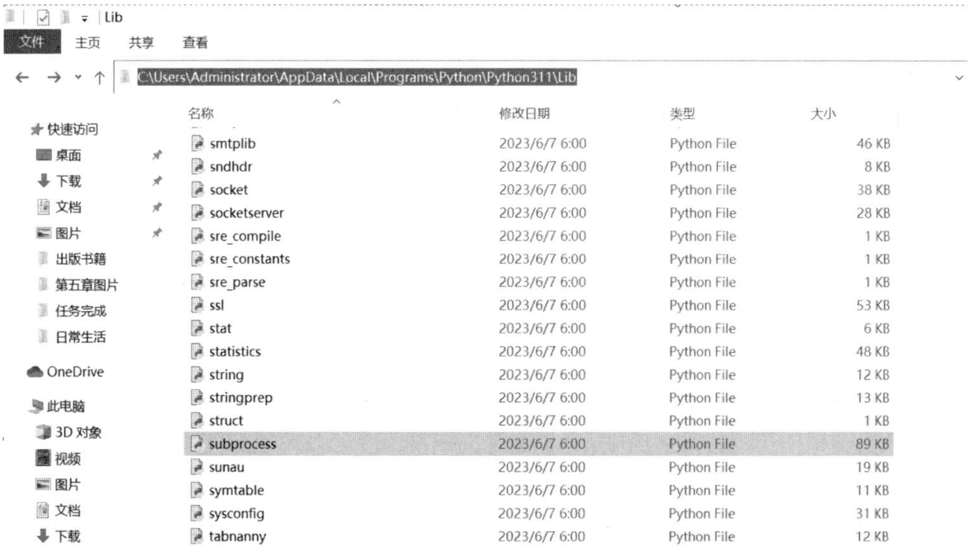

图 5.112　subprocess.py 文件的位置

```
C: > Users > Administrator > AppData > Local > Programs > Python > Python311 > Lib > subprocess.py > Popen
740        return False                                            class popen        Aa ab .*  第1项，共1项    ↑  ↓
741
742
743    # These are primarily fail-safe knobs for negatives. A True value does not
744    # guarantee the given libc/syscall API will be used.
745    _USE_POSIX_SPAWN = _use_posix_spawn()
746    _USE_VFORK = True
747
748
749    class Popen:
750        """ Execute a child program in a new process.
751
752        For a complete description of the arguments see the Python documentation.
753
754        Arguments:
755          args: A string, or a sequence of program arguments.
756
757          bufsize: supplied as the buffering argument to the open() function when
758             creating the stdin/stdout/stderr pipe file objects
```

图 5.113　在 subprocess.py 文件中查找 class popen

```
C: > Users > Administrator > AppData > Local > Programs > Python > Python311 > Lib > subprocess.py > Popen > __init__ > shell
803        stdin, stdout, stderr, pid, returncode
804        """                                                   class popen        Aa ab .*  第1项，共1项    ↑
805        _child_created = False  # Set here since __del__ checks it
806
807        def __init__(self, args, bufsize=-1, executable=None,
808                 stdin=None, stdout=None, stderr=None,
809                 preexec_fn=None, close_fds=True,
810                 shell=False, cwd=None, env=None, universal_newlines=None,
811                 startupinfo=None, creationflags=0,
812                 restore_signals=True, start_new_session=False,
813                 pass_fds=(), *, user=None, group=None, extra_groups=None,
814                 encoding=None, errors=None, text=None, umask=-1, pipesize=-1,
815                 process_group=None):
816            """Create new Popen instance."""
817            if not _can_fork_exec:
818                raise OSError(
819                    errno.ENOTSUP, f"{sys.platform} does not support processes."
820                )
821
```

图 5.114　开启 shell 功能

将上述代码保存为 uiwh.py 文件，并在 VS Code 控制台中执行：

```
python uiwh.py
```

生成一个 URL 链接，将该链接输入浏览器的地址栏中，得到一个页面，即最终生成的智能语音聊天机器人，如图 5.115 所示。

图 5.115　最终生成的智能语音聊天机器人

5.5.8　小结

本节通过对智能语音聊天机器人的分析，寻找可能的解决方案，再一步一步地解决软件安装、界面设计、语音输入设计、语音到文字、文字转语音的各项功能，最终实现了一个智能语音聊天机器人。需要注意，本节的学习需要读者掌握一定的 Python 编程知识，再通过反复练习，实现熟能生巧的转变，最终才能实现举一反三的应用。

本章小结 》》》

本章通过 4 个例子演示了 ChatGPT API 的应用方法，介绍了 OpenAI 的 API 密钥获取方法、OpenAI 在 Python 中的安装方法、ChatGPT 的第三方控件的安装方法、基于 ChatGPT 的语音机器人开发等。本章涉及 Python 代码的应用，因此需要读者具备一定的 Python 编程能力。另外，许多的 ChatGPT 应用需要使用到 ChatGPT 4 版本及以上版本的 API，若想使用它们，需要先将 ChatGPT 会员升级为 Plus 会员。

思考题 》》》

1. 简述获取 OpenAI 的 API 密钥方法。
2. 依据本章 5.5 节中的内容，开发一个智能语音聊天机器人。

参考文献

[1] Wang X, Wei J, Schuurmans D, et al. Self-consistency improves chain of thought reasoning in language models[J]. arXiv preprint arXiv:2203.11171, 2022.

[2] Transformer C G P, Zhavoronkov A. Rapamycin in the context of Pascal's Wager: generative pre-trained transformer perspective[J]. Oncoscience, 2022, 9: 82.

[3] Vaswani A, Shazeer N, Parmar N, et al. Attention is all you need[J]. Advances in neural information processing systems, 2017, 30.

[4] Guo M H, Xu T X, Liu J J, et al. Attention mechanisms in computer vision: A survey[J]. Computational visual media, 2022, 8(3): 331-368.

[5] Daun M, Brings J. How ChatGPT Will Change Software Engineering Education[C]// Proceedings of the 2023 Conference on Innovation and Technology in Computer Science Education V. 1. 2023: 110-116.

[6] Qadir J. Engineering education in the era of ChatGPT: Promise and pitfalls of generative AI for education[C]//2023 IEEE Global Engineering Education Conference (EDUCON). IEEE, 2023: 1-9.

[7] Griffith S, Subramanian K, Scholz J, et al. Policy shaping: Integrating human feedback with reinforcement learning[J]. Advances in neural information processing systems, 2013, 26.

[8] Doshi R H, Bajaj S S, Krumholz H M. ChatGPT: temptations of progress[J]. The American Journal of Bioethics, 2023, 23(4): 6-8.

[9] Taecharungroj V. "What Can ChatGPT Do?" Analyzing Early Reactions to the Innovative AI Chatbot on Twitter[J]. Big Data and Cognitive Computing, 2023, 7(1): 35.

[10] Kojima T, Gu S S, Reid M, et al. Large language models are zero-shot reasoners[J]. Advances in neural information processing systems, 2022, 35: 22199-22213.

附录 A 安装软件与代码

请扫码获取

附录 B 思考题参考答案

请扫码获取

教师服务

　　感谢您选用清华大学出版社的教材！为了更好地服务教学，我们为授课教师提供本书的教学辅助资源，以及本学科重点教材信息。请您扫码获取。

▶▶ 教辅获取

本书教辅资源，授课教师扫码获取

▶▶ 样书赠送

管理科学与工程类重点教材，教师扫码获取样书

 清华大学出版社

E-mail: tupfuwu@163.com
电话：010-83470332 / 83470142
地址：北京市海淀区双清路学研大厦 B 座 509

网址：http://www.tup.com.cn/
传真：8610-83470107
邮编：100084